中国玉器设计与工艺图解

跟着海派玉雕大师学技艺

赵丕成·著

上海科学技术出版社

图书在版编目（CIP）数据

　　中国玉器设计与工艺图解 ：跟着海派玉雕大师学技
艺 / 赵丕成著. -- 上海 ：上海科学技术出版社，
2022.1
　　ISBN 978-7-5478-5583-6

　　Ⅰ. ①中… Ⅱ. ①赵… Ⅲ. ①玉器－设计－中国－图
解②玉器－加工－中国－图解 Ⅳ. ①TS932.1-64

　　中国版本图书馆CIP数据核字(2021)第273705号

中国玉器设计与工艺图解

跟着海派玉雕大师学技艺

赵丕成　著

上海世纪出版（集团）有限公司
上 海 科 学 技 术 出 版 社　　出版、发行
（上海市闵行区号景路 159 弄 A 座 9F-10F）
邮政编码 201101　　　www. sstp. cn
上海中华商务联合印刷有限公司印刷
开本 787×1092　1/16　印张 10
字数 250 千字
2022 年 1 月第 1 版　2022 年 1 月第 1 次印刷
ISBN 978-7-5478-5583-6/J·66
定价：158.00 元

前言

　　玉文化是中华文明的重要组成部分，贯穿于中华民族漫长的历史发展进程中，件件作品无不倾注历代玉工的辛劳和智慧。历代杰出的玉工们用心来领悟玉的润质美，用手来表现玉的形式美，用魂来化作玉的意蕴美。

　　历经数千年之玉器，古意深邃，通体皆灵，洋溢着特有的东方神韵。从精湛的砣工到美的样式、从寓意吉祥到精美纹饰、从工艺发展到文脉传承，在凝固而又变化的玉器中给我们传授着玉的工艺技巧、造型法则和设计美学。

　　玉工艺穿越千年，玉文脉早已注入国人的心田，即使在科技高度发达的今天，独一无二的自然精华，精雕细琢的美丽玉器依然在人们的心中有着特殊的地位。人们在赏玉、惜玉中可感受到高山流水、鸟语花香以及最淳朴的温润之美，精神得到了愉悦，心灵得到了净化。玉，寄托着人们美好祈福的同时，用美和文艺气息点缀着当下的时尚生活。

　　从事"海派玉雕"教学与创作40多年的我，从古玉的砣工线迹、神似变形、玉形虚实中得到美的启迪，又吸收其他艺术元素，尤其是敦煌线韵的感悟，在璞玉成器中进行了多项的工艺实践和艺术创意，在相玉构思、随形赋意、自然雕饰等方面有了一些体会，同时记下了不少杂记、图稿、图片，今加以整理、汇集、成文，希望与广大读者一起分享玉的自然与雕琢之美，共同学习博大精深又妙不可言的中华玉雕文化。

赵丕成

赵丕成

1952 年生于上海，1976 年毕业于上海市工艺美术学校，1987 年毕业于浙江美术学院。高级工艺美术师，上海市工艺美术大师，上海市非物质文化遗产项目（海派玉雕）代表性传承人，上海工艺美术职业学院教师。

玉器作品在全国玉器大赛中多次获得金奖、创意金奖等。其作品承古启新，雅致有格，在设计上匠心独运，自然天成，造型生动，意境高妙；在线条的表现上似行云流水，气韵贯通；在玉形、玉色、玉意的感悟中，赋予了作品之人文、画意和技艺的多种美感；注重"手艺浸润文化，琢玉表现艺术，传承融入当代"，具有手艺境界、文化内涵和时代风尚。

从事工艺美术教育工作 40 余年，尤其

在玉雕工艺教学和创作实践中倾注了大量的精力，几十年来，凭着对玉雕艺术的热爱，不断地进行创作实践，并进行理论总结，撰写《切磋琢磨：玉器》《玉器工艺》等书籍。

目录

第二章
玉工艺·琢磨成器

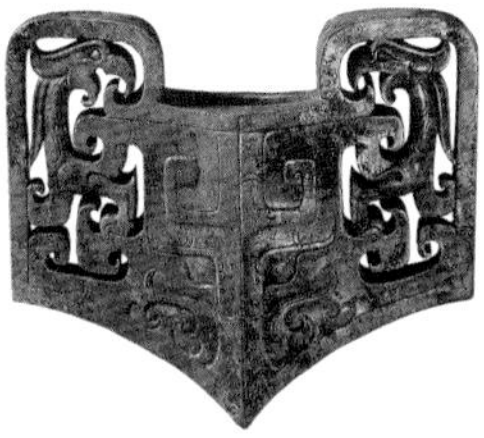

中国玉器设计与工艺图解·跟着海派玉雕大师学技艺

中
国
玉
器
设
计
与
工
艺
图
解
·
跟
着
海
派
玉
雕
大
师
学
技
艺

第一章
玉文化·美的历程

中国玉文化是一首凝固的史诗，
有着浓浓的历史沉淀。
她以优美而简练的雕琢、
质朴温润的色彩记刻着我们民族
古老、艰辛和灿烂的历程。
每一个历史阶段，玉器都有其特殊的
形式美感和精神气质。

第一节
古玉缩影

中国古代玉器的历史也是我们民族使用玉的历史，随着文明的进程，人们对玉认知的提升，玉雕技能掌握的提高，以及对玉器需求的变化，使得每个时代都会产生新的玉器样式和种类，有的也会随历史进程而消失。

而玉器的各种形制和纹样，记刻着时代的印迹，反映当时特定的历史与文化意义、道德风尚和民风民俗。所以在学习古玉文化和玉雕技艺前，先来大致了解一下古玉的形制、用途、纹样等。

一、玉器形制

古代玉器的形制根据功能大致可分为：兵器、礼器、丧葬器、陈设、文玩、佩饰等。

1. 玉兵器

玉兵器早在新石器时代的石器工具中就出现了，如玉斧、玉刀、玉矛等。玉因其特殊的美感被我们的祖先视为灵物，并被赋予特殊的功能，如新石器晚期的玉钺，成为部族首领的权杖，象征地位和权力。在夏、商、周时代，还出现了玉戚、玉戈、玉剑、玉箭簇等，但从这些兵器的造型与纹饰来看，华丽精美而不实用，应该是象征权威的礼仪兵器，亦作为礼器之用。

在以后的年代里，与兵器有关的玉器还有玉剑饰，如玉剑首、玉剑璏（zhì）（用来佩戴、固定剑体的玉饰）、玉剑格（剑身与剑柄之间作为护手部分的玉饰）、玉剑珌（bì）（剑鞘下端的玉饰）。此类玉剑饰在以后流传中失去了原有的功能，而成为特有意味的装饰品。

另外有玉韘（shè），用于射箭时套在大拇指上，用来勾拉弓弦的玉器。商代玉韘为箭筒状，下端平，上部为斜口，背部有凹槽可纳入弓弦。在以后的年代中渐渐演变成玉韘形装饰玉珮。还有玉扳子，与玉韘有相似功能，拉弓射箭时套在射手右手拇指上，以保护射手右拇指不被弓弦勒伤的专用玉器。

2. 玉礼器

古人认为玉蕴含天地之精华，具有通神的灵性，玉礼器作为古代祭祀、宴飨、征伐及丧葬等礼仪活动中使用的重要器物，同时也是使用者身份、等级与权力的象征物。尤其是夏、商、周时期，玉礼器盛行，《周礼》一书中记载"六器礼天地四方"的玉礼器为：玉璧、玉琮、玉圭、玉璋、玉琥、玉璜。其中玉璧、玉琮早在新石器时代就已出现，也是后世最常见的礼器。

3. 丧葬玉

古人受迷信、宗教思想影响，认为人死了以后会升入到另一个世界，为使死者灵魂永存，尸体不腐，特制玉器随葬，并从战国开始渐渐形成了丧葬用玉制度。主要有玉衣、玉枕、玉面具、玉含、玉握、玉九窍塞等，其中典型有玉豕 *（shǐ）握、玉含蝉 *。

4. 陈设玉

供人观赏的中小件器物，陈设于橱、架、台、几、案之上，经过几千年玉文化的积淀，形成了丰富多样的形式和繁多的种类：

器皿：日用器皿有玉碗、玉杯、玉瓶、玉盘、玉盆以及花插等；仿青铜器皿有玉爵、玉觚、玉尊、玉卣、玉觥、玉炉、玉薰炉等。

玉人：题材有神话传说、宗教题材、英雄人物等。随历史进程人物造型有着很大的变化，从剪影到圆雕，从变形至写实，从庄重到多姿，变化无穷，多姿多彩。

瑞兽：自古以来玉瑞兽就被人们赋予神的想象，动物一般以立体圆雕为主，形象威武、雄健，取压邪祝福之意。如龙、虎、麒麟、天禄、避邪、螭龙、狮子、大象等，以及生肖形象，都表现出古朴遒劲，生动传神的美感。

花鸟：古玉中用树木花果，鱼虾禽鸟来象征圣洁、喜庆、长寿、富贵，倡导人和自然界的和谐。花鸟玉雕种类繁多，有独立的摆件形式，也作为陪衬装饰于其他器型。

山子：一般顺应玉料的形状，雕琢山水画面，同时融合进人物、动物、花鸟等。有小型山子，亦有几吨重的大型山子。

5. 文玩玉

文玩指的是文房用品及其衍生出来的各种文房器玩。有各种样式的玉砚滴、玉水盂、玉笔洗，还有玉笔架、玉镇纸、玉印盒、玉印章等。

另外还有文玩杂器，小不足寸，既可供设于案上，又可把玩于掌中，如玉如意、鼻烟壶等。

6. 佩饰玉

早在新石器时代已有使用，经过历朝历代流传发展，玉配饰样式丰富，有头饰、首饰、项饰、服饰等，题材广泛，除了典型的龙凤、灵兽外，还有山水、花鸟、动物等形象，都出现在古代玉配饰中。佩饰玉有的是为了装饰、点缀，有的是王公贵族、士大夫身份地位的象征，如玉环、玉玦、鸡心佩、玉牙冲、玉觽（xī）、玉带钩（带扣）、玉带板、玉刚卯、玉翁仲、玉司南、玉勒子、朝珠等。

二、玉器纹饰

玉器纹饰是玉文化的一个重要载体，每个朝代玉器上的纹饰都有其时代风格，有的朴实素雅，有的繁复精美，有的遒劲有力，有的灵动飘逸。纹饰对于玉器来说是一种特质的表述语言，每一种纹饰又有其独特的寓意，或对自然的崇拜，或是图腾的标志，或是寄托着人们

---

*豕：象形，甲骨文字形，像猪形。玉含蝉：含在死者口中的器物。

的朴素愿望，不仅反映当时的审美特征，历史意义，还可侧面寻得华夏文明发展历程的一些剪影。

1. 符号纹

谷纹：最早出现在春秋时期的玉器中，到战国时期发展为逗号字样，如同圈着尾巴的蝌蚪，因此俗称蝌蚪纹。其实谷纹是谷物发芽叶的样子，是先民对食物的敬畏体现在玉礼器中，来实现对自然的崇拜与对未来的祝福，是农耕文明的特殊符号（图1-1-1）。

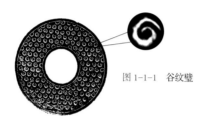

图1-1-1　谷纹璧

蒲纹：类似蒲叶编织席子的纹饰。此纹由三种不同方向的平行线等角交叉组织，把玉器表面分割成六角形的纹饰，刻有蒲纹的玉璧，象征草木繁茂，欣欣向荣，是先民对自然高度凝练的写照与朴素的审美意识的结合（图1-1-2）。

图1-1-2　蒲纹

绳索纹：最早出现在史前陶器上，玉器上的绳纹起源也比较早，属于一种比较原始的纹饰，有纵、横、斜、交叉、分段、平行等样式，常与其他纹饰搭配使用（图1-1-3、1-1-4）。

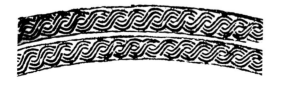

图1-1-3　绳索纹

图1-1-4　绚索纹龙形佩　战国

乳钉纹：为凸起的半圆状，最早见于商周时期的一些青铜器上，也是玉器上常见的一种装饰纹饰，乳钉纹通过有序的排列，有着强烈的视觉效果（图1-1-5）。

图1-1-5　乳钉纹玉璧　汉代

云纹：云形纹饰，造型多变，为中国传统的吉祥图案之一，象征高升和如意，应用较广。古玉云纹大致有勾云纹、云雷纹、云气纹、云头纹等（图1-1-6）。

图1-1-6　勾云纹　战国初期

雷纹：青铜器纹饰之一，在古代玉器上也有广泛的运用，是古代先民对雷敬畏的一种反映。其基本特征是以连续"回"字形线条所构成。做圆形的连续构图时称为"云纹"；作方形的连续构图时称为"雷纹"。雷纹常作为底纹，用以烘托主题。常见的有目雷纹、三角雷纹、波形雷纹、斜角雷纹、乳钉雷纹、勾云雷纹等多种类型（图1-1-7、1-1-8）。

图 1-1-7 雷纹

图 1-1-8 乳钉雷纹

图 1-1-12 龙形玉玦 商

图 1-1-13 夔龙纹璜 西周

2.动物纹

兽面纹：也称饕餮纹，最早见于长江中下游地区的良渚文化陶器和玉器上，盛行于商周青铜器上。兽面纹有的有躯干、兽足，有的仅作兽面。其中兽的面部巨大而夸张，装饰性很强（图 1-1-9、1-1-10）。

图 1-1-14 青玉龙纹 春秋

图 1-1-15 青玉龙形觿 战国　图 1-1-16 白玉云龙佩 宋

图 1-1-9 神人兽面纹 良渚文化

图 1-1-10 兽面纹 春秋

凤鸟纹：凤是禽类美化的象征，为群鸟之长，飞时百鸟随之，尊为百鸟之王，是吉祥之鸟。以玉石为载体的凤鸟纹从原始社会一直流传至今（图 1-1-17、1-1-18）。

夔（kuí）纹：夔是古代传说中的一种近似龙的动物，主要形态近似蛇，多为一角、一足、口张开、尾上卷。有的夔纹已发展为几何图形，是一种盛行于商和西周前期的青铜器装饰纹样，在当时的玉器上亦常见（图 1-1-11）。

图 1-1-18 凤形佩 战国

图 1-1-17 凤纹 西周

图 1-1-11 夔纹

螭纹：螭是中国古代神话中的神兽，是属蛟龙类，造型的头和爪已不大像龙，而是吸取了走兽的形象，故又有"螭虎龙"之称，螭龙的原形可能是现实生活中的壁虎（图 1-1-19）。

龙纹：又称为"夔纹"或"夔龙纹"。龙纹在新石器时代早已出现，在历史的沿革中产生了丰富的变化（图 1-1-12 ~ 1-1-16）。

图 1-1-19 螭纹

蟠虺（huǐ）纹：形似小蛇，以盘曲缠绕的方式构成图形。盛行于春秋战国时期的玉器装饰，多采用浮雕蟠虺纹，纹饰内容多以简化蟠虺纹构成，纹饰走势看似繁复，但其排列有着一定的规律（图1-1-20）。

图1-1-20　蟠虺纹

其他：动物纹饰除了以上充满神秘色彩的瑞兽以外还有现实类的动物纹，主要有虎纹、牛纹、鹿纹、象纹、龟纹、蛙纹、鱼纹、蝉纹、鸟纹等，这些纹饰有的以抽象化、图案化的形象出现，而有的采用较为写实的方法描绘（图1-1-21～1-1-23）。

图1-1-21　鹿纹　唐-宋　　　图1-1-22　鱼莲纹　宋

图1-1-23　卧虎纹　金元

3. 植物纹

植物纹是古代玉器中常见的纹饰之一，流行于唐代，花卉纹主要为荷花，常与凤鸟纹在一起；宋代植物纹中荷花出现较多，吉祥图案开始流行，国色天香的牡丹花纹作为荣华富贵的象征，成为玉器的主要纹饰；明清时期，玉雕中各种花卉纹饰大量出现，如牡丹、荷花、梅花、桃花、兰花、白菜、扁豆、葫芦、葡萄、石榴、竹等，多含有吉祥寓意（图1-1-24～1-1-26）。

图1-1-24　白玉花卉纹梳子背　唐

图1-1-25　镂空缠枝凌霄花　宋　　图1-1-26　白玉花鸟纹如意　清

4. 人物纹

人物纹是一种以人物为主要题材的纹饰，始见于新石器时代晚期，其后历代均有出现，尤以明清时期为多（图1-1-27、图1-1-28）。

图1-1-27　舞女正背　战国　　　图1-1-28　童子　宋

第二节
美的历程，历史见证

我国最初的玉器是从石器中分化出来的。在漫长的石器时代，我们的祖先为了衣食住行的需求，借助于石器工具进行狩猎和耕作。由于"美丽的石料"有坚硬、细腻、温润的质地，为原始先民所钟爱，因此人们便对其倾注了特殊的情感，渐渐唤醒了对玉质、玉色、玉形之美的认识，"美丽石器"也渐渐由生产工具转为受崇拜的美的神物。于是玉器从石器中脱颖而出，充满古韵祥瑞、蕴含天地灵气的美玉伴随着我们的民族走过了几千年的审美历程。

一、美觉醒的新石器时代

大约5 000年前，在辽河流域的红山文化、太湖流域的良渚文化，以及广袤的华夏土地上，已经普遍存在着玉器工艺。原始先民初琢玉器时，还不知何为艺术，直抒胸臆，把美玉在不知不觉中推向了艺术的境界。

1. 红山文化

红山文化是我国东北地区极具代表性的新石器时代文化，出土的玉器有工具、礼器、饰物、动物、人物等，其内涵神秘而深厚。玉材一般是就地取材的岫岩玉，还有少量的青玉、玉髓、玛瑙等。采取大块面的雕琢手法，器形简练概括、质朴圆润。这种简练的原始美虽然与今天的工艺要求相距遥远，但依然能引起现代人强烈的共鸣。

玉鹰飞翔：红山文化地处辽西和内蒙古东部，距今约4 000~6 000年之间，那个时期森林密布、草原茂盛，是鸟类良好的栖息之地。而鹰是鸟中之王，身形矫健，在茫茫的草原之上自由飞翔，傲视苍穹。当时的人们用富有灵性的玉打磨成玉鹰，既作为饰品又作为护身之物，类似于一种图腾崇拜。玉鹰被赋予了原始的神秘色彩（图1-2-1）。

勾云回绕：红山文化玉器采用的是岫岩玉，硬度为5~5.5级。在当时生产力极其低下的原始社会，要打磨器形特别是钻磨出空洞是非常困难的。所以这枚勾云形佩（图1-2-2）显得极为难得。从勾云凹弧曲面的痕迹来看，当时已经有了砣轮的工艺，与原始石器的敲击和打磨相比，工艺似有了质的飞跃，为玉器的琢磨工艺奠定了基础。有了云，才有春雨，才能滋润大地，才有秋天的硕果，这也许是红山文化时期原始先民对自然崇拜的一点窥见。云的形态变化莫测，而先民用一种特殊的形态将其定格在玉器之中，令人惊奇、折服。

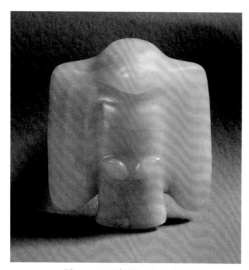

图 1-2-1　玉鹰形佩　红山文化

图 1-2-2　勾云形佩　红山文化

华龙始祖：龙是中华民族的象征，是人人皆知的神物。它形态唯美，英姿勃发，飞腾于天地、水云之间，充满力量且无所畏惧。至于龙的起源和它最原始的造型，对于我们今天来说还是个谜。1971 年在内蒙古翁牛特旗三星他拉红山文化遗址中发现一件 C 字形玉龙（图 1-2-3）。C 形玉龙被考古界认为是"中华第一龙"。

图 1-2-3　玉龙　红山文化

器形高 26 厘米，形体极其简练而又苍劲有力，昂首、弓背、翘尾，长鬣顺体而上扬，首尾相连，似张似合，整个器形沉稳圆满而富有张力，有静中欲动之势。玉龙由岫岩玉制成，雕琢精致细腻，通体圆润光洁；神态若有所思，极富神韵；而墨绿中镶嵌着淡色，似闪烁的鳞片，若隐若现。

2. 良渚文化

良渚文化遗址位于浙江余姚的良渚镇，距今已 4 000～5 000 年，它与北方的红山文化遥相呼应。良渚文化把我国新石器时代的玉器工艺推向了最高峰。良渚文化玉器主要是礼器，器形对称均衡、规矩严谨，在浑朴大气的造型上雕琢出精细神秘的纹饰、图案。

祭天器——玉璧：距今约 4 000～5 000 年之间的良渚文化玉璧（图 1-2-4），是一种片状、圆形中心有孔的玉器。玉璧造型极简，圆中有圆，实中有虚，大圆饱满以示无穷，虚圆体现天际的灵动。圆的祭天器造型符合我国古代朴素的"天圆地方""天动地静"的天地观。玉璧始于良渚文化，造型多数为光面，没有纹饰。到了商周以及秦汉时期，玉璧器形有了变化，而且纹饰多样，布纹缜密。大的玉璧是玉器中的重器，作为礼器之用，小的玉璧作为佩饰或随葬品。

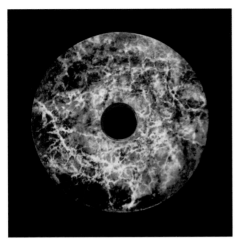

图 1-2-4 玉璧 良渚文化

良渚文化的玉器,除礼器以外还有饰物、动物等(图 1-2-6 ~ 1-2-9)。

图 1-2-6 玉璜 良渚文化

祭地器——玉琮:玉琮(图 1-2-5)是一种内圆外方的管状器形,器形四面方体,垂直而立,上下分若干节,上大下小,并以四角为中心雕饰对称的兽面纹,由此形成了四面八方的角度。对于玉琮的用途众说纷纭,而更多的专家认为是良渚先民对宇宙的认识和崇拜,玉琮内圆外方的统一体,正好是象征天圆地方的几何标志,上下贯通的虚空内圆意味着苍天和大地的气息相连,而雕饰精美的兽面纹奇异而神秘,仿佛是沟通天地的使者,祈求上苍对人类的庇护。玉琮整体器形规则、庄重而神圣,带有原始的宗教色彩。玉琮在以后的商周也有出现,汉代后逐渐消失,明清时期出现不少仿制品。

图 1-2-7 三叉形器 良渚文化

图 1-2-8 玉锥形饰 良渚文化

图 1-2-5 玉琮 良渚文化

图 1-2-9 玉鱼 良渚文化

二、庄严典雅的商周玉器

商周时期有灿烂的青铜器文化。商周玉器在一定程度上受到当时青铜器装饰纹样的影响，趋于静止、严峻，带有浓厚的神秘气氛，令人敬畏。青铜的使用将琢玉由石器工具改进为青铜工具，为琢玉工艺提供了更为有利的条件，玉器制作水平远远超过前代。当时已有专门的制玉作坊，为皇室、贵族琢磨玉器。

1. 形制特色

此时的玉器形制主要有礼制玉器、朝聘玉器和佩饰玉器等。统治者为了巩固政权和规范礼治的制度，继承了新石器时代的治玉传统，建立了一整套用玉制度，产生了系列化的玉礼器。《周礼》记载"以苍璧礼天，黄琮礼地，青圭礼东方，赤璋礼南方，白琥礼西方，玄璜礼北方"。国家大典、社会礼仪、祭祀祖宗每每都离不开玉制礼器。《周礼》还记载"王执镇圭，公执桓圭，侯执信圭，伯执躬圭……"显示了用玉的等级制度。同时佩饰玉器是王公贵族不可缺少的标志，当时贵族服装上都有佩玉。

2. 艺术造型

在商周时期，立体圆雕的玉器数量较少，大部分都是片状造型，即采用正面和侧面的剪影方法，根据料形和表现的对象勾画出外轮廓线，在玉片上裁割出造型。在艺术处理上以自然界的不同动物为基础，加以超然的想象和夸张，去创造一种"异鸟"和"异兽"，它们象征着祥瑞和忠勇、灵性和先知又带着些神秘莫测之感。玉器在线刻纹饰处理上，有兽面纹、鹰鸟纹、云雷纹、几何纹等，而其在线形表现上，直线多于曲线，方中略带圆弧，这样使纹饰图形更具有静穆、刚毅、威严之感（图1-2-10～1-2-12）。

图1-2-10　玉璋　商代晚期　　图1-2-11　鹰形玉饰　西周

图1-2-12　长尾鹦鹉　商代晚期

3. 工艺技巧

由于青铜工具的使用，商周玉器在开料、割锯、雕琢、抛光等技术上趋于成熟，琢玉工艺已经有了相当高的水平。这一时期的玉器上不但有着清晰的砣痕，而且可见砣轮形状的变化。砣轮可以精确地琢磨出动物的外形，并且能用线刻双勾，增强线的立体感和装饰性，使阴刻、凸线、浮雕巧妙配合，相得益彰（图1-2-13、1-2-14）。

图 1-2-13 人形玉饰 西周

图 1-2-14 龙人形玉饰 西周

三、精美灵动的春秋战国玉器

春秋战国时期，玉器渐渐被赋予了人性和道德之美，把玉的温润、光泽、坚硬等自然属性引申出君子品性。管子曰：玉有"九德"，孔子曰：玉有"十一德"。因此，古人对玉的认识从物质层面转化为精神层面，玉被赋予了"仁爱之心""外柔内刚"等的人性美德以及更多丰富的文化内涵。

1. 形制品种

诸侯争霸、百家争鸣的春秋战国时期，虽然还有各种形制的礼器存在，但是佩饰玉已成为主流，有玉璧、玉环、玉佩、玉牌、玉剑饰、玉带钩等，还有动物、人物等玉饰，而且还出现了连缀成组的佩玉形式。

2. 艺术造型

玉器中有大量的龙、凤、虎等形象，将动物的威猛、机警、敏捷生动地表现出来，使玉器造型生气勃发，富有动感。器形中布满S形线，弧线灵动流畅，赋有飞动之势，似乎要挣脱旧的精神桎梏，飞向新的天地（图 1-2-15 ~ 1-2-17）。

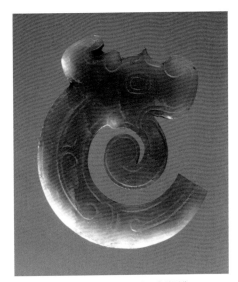

图 1-2-15 虬龙形玉饰 春秋早期

图 1-2-16 龙凤形玉饰 春秋晚期

图 1-2-17　玉凤鸟形佩　战国晚期

中国玉器设计与工艺图解·跟着海派玉雕大师学技艺

这一时期的礼器造型开始有了变化，从器形、纹饰来看已不再强调敬畏，而变得轻巧、精美，更值得赞赏和把玩。这枚战国玉璧（图 1-2-18），刻纹全由弧线组成，在流畅、婉转的线形中显出生命的律动。圆璧中虚空处饰有镂雕蟠龙，龙首昂扬与尾相连，四足一收一张意欲奔驰，扭动的身躯充满张力，有腾空而起之势。玉璧外延两侧镂雕凤鸟，凤鸟身影弯曲修长，凤冠上扬飘曳，尾羽下垂回旋，有飞动之感。整个器形工艺精湛，造型优美典雅，虚实相宜，静中有动。这枚玉璧从设计到制作完美精致，无可挑剔。

图 1-2-18　玉透雕龙纹璧　战国

春秋战国时期的玉器在图案纹饰方面也出现翻新花样，如琢磨出来的谷粒纹，突出圆点，排列匀称；阴刻的雷纹和卷云纹，线纹整齐，气韵生动；还有螺旋式、四方连续的纹饰等，丰富繁密的纹饰布满整个器型，使玉

器产生精灵神秘，气韵饱满之美。（图 1-2-19、1-2-20）。

图 1-2-19　串饰组件　春秋　　　图 1-2-20　縠纹玉圭　战国

3. 工艺技巧

战国时期铁制工具的大量使用，也为琢玉提供了有利的条件，使得琢玉技巧大大提高。雕琢刀法丰富多变，琢玉工艺更趋精美、工挺、灵巧，为后世治玉奠定了良好的基础。

图 1-2-21 的镂空龙凤玉饰是战国晚期玉器之精品。器形对称，基本分上下两个部分：上部分是双首龙，两端龙首张口（可惜一端残缺），造型简洁、大气；下部分是空灵、华美的双凤。龙身通体的云雷纹勾线整齐、连贯，线的雕琢贴切到位，流畅遒劲。双凤则更显刀法工整细腻、娴熟多变，使凤鸟结构清晰，神态惟妙惟肖。集琢、磨、切、磋、透、浮雕等各种工艺手段于一身，堪称玲珑剔透。

图 1-2-21　玉镂空龙凤鸟佩　战国晚期

四、雄健豪放的秦汉玉器

在中国玉器发展史上，汉代是一个承前启后的黄金时代。玉器品种规模扩大，琢磨技巧精湛、形式丰富，浮雕、圆雕、镂雕技术普遍应用，抛光技术更加精进。汉代玉器造型结构严谨，构图不拘程式，琢磨细腻精致，形象气韵灵动，风格浑厚豪放，具有很高的艺术价值，对后世的玉器发展产生了深远的影响。

1. 形制品种

两汉时期的玉器品种繁多，主要有礼玉、葬玉、装饰玉、陈设玉等。礼玉在汉代已渐渐衰退，品种减少，主要以玉璧为多。而葬玉之风在汉代贵族阶层中盛行。葬玉主要有玉衣、玉塞、玉含、玉握等。装饰玉在汉代有相当大的比重，如佩饰玉有单件玉和组佩玉（图1-2-22），尤其是一种呈椭圆形平扁状的玉韘形佩又称心形玉佩，是汉代新型的品种（图1-2-23）。还有玉带钩、玉剑饰（图1-2-24）等带有实用功能的玉器为人们所喜爱。圆雕和浮雕陈设玉器在汉代有重要的发展，形制主要有玉人、玉兽、玉辟邪，还有玉器皿等。

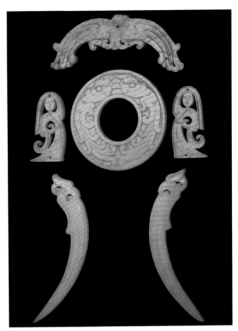

图1-2-22　玉组佩　西汉

图1-2-24　玉剑格　西汉前期

图1-2-23　玉韘形佩　西汉中期

2. 艺术造型

汉代玉器在构图造型上打破了对称的格局，成功地运用了均衡的规律，求得玉器作品的变化和统一，尤其在艺术风格上体现出深沉和浑厚、洗练和雄健，这是汉代艺术品特有的气度（图1-2-25、1-2-26）。

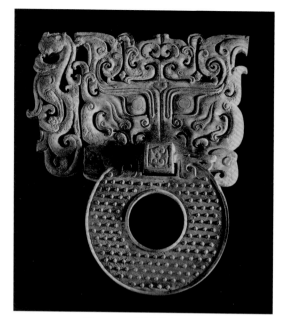

图 1-1-25　玉兽首衔璧　西汉

3. 工艺技巧

　　汉代玉器工艺技巧在继承前代的基础上有了新的发展。东汉时期的神兽纹玉樽（图 1-2-27），器型稳重，圆周的神兽纹浮雕琢磨得浑然得体、妙不可言。浮雕表现的各种神兽此起彼伏，或隐或显，变化莫测，充满着奇幻的动感和神秘的灵气，显示了雕琢手法的多变和精美。这是一枚长 5.2 厘米、宽 3.8 厘米的螭纹玉佩（图 1-2-28），器形呈平扁状，通体以圆雕、浮雕、透雕、阴纹、线刻等工艺手法，雕琢了 6 条形态各异、宛转盘曲的螭纹，造型新颖，工艺精美。

　　在汉代还有一种琢磨技法称为"汉八刀"，指的是用简练的手法雕琢形神兼备、豪放有力的玉器造型。该玉含蝉（图 1-2-29）琢磨简约有力，寥寥数刀形似神足。这一简练豪爽、朴拙流利的"汉八刀"是玉雕工艺中极具特色的一种琢磨技法。

图 1-2-26　玉卮　西汉

图 1-2-27　神兽纹玉樽　东汉

图 1-2-28　螭纹玉佩　西汉

图 1-2-29　玉含蝉　汉代

五、清新纤巧的唐宋玉器

魏晋南北朝时期、战争频繁，社会动荡，玉材来源受阻，玉器业也几乎处于停滞状态。唐、宋玉器品种增多，工艺娴熟，造型新颖，别开生面，玉器业再度繁荣。

1. 唐代玉器

唐代是中国古代文明史中极为辉煌的时期，经济发展，国力强盛，开拓西域，对外交流频繁，兼容并蓄，创造了全新的文化盛世。又由于畅通的丝绸之路，和田玉料源源内输，中国玉器制作在秦汉的基础上得到发展，出现了新的高峰，开启了大唐琢玉新风。

（1）艺术特色

唐代玉器造型趋向雅致、写实，体现一种饱满、健康、开放包容的时代风貌，已脱离了远古的神秘、厚重的风格，宗教用玉、礼仪用玉大大减少，谷纹、蒲纹、变形云纹、螭纹等基本不再出现。特别是与中亚以及阿拉伯国家的文化交流频繁，玉工琢玉大胆地吸收外来艺术的精华，将其化为己有，玉器制品充满创意和活力。人物造型出现了佛教中的飞天形象（图1-2-30）。

图1-2-30 青玉飞天 唐代

动物造型出现了兽首玛瑙杯（图1-2-31）。兽首在历代玉杯中是常见的，而这一只玉杯的造型有着明显的波斯艺术风格。

图1-2-31 玛瑙羚羊首杯 唐代

（2）工艺特色

唐代玉器工艺以精巧见长，运用了传统的浮雕、圆雕与透雕，并使用大量的阴刻细线，来刻画形象以及细部。唐代玉器的一个突出特点，是用繁密的细线与短阴线表现装饰衣纹、阴阳凹凸之面等（图1-2-32）。

图1-2-32 白玉乐舞胡人铊尾 唐代

2. 宋代玉器

宋代好玉之风遍及宫廷及民间。玉器艺术有了新的风貌，既有宫廷的艺术珍品，又有民间使用的小件玉饰。当时还出现了相当规模的玉器市场和店铺。

（1）艺术特色

宋代玉器在艺术造型和风格上表现在两个方面：

其一，宋代崇尚古玉质朴、典雅的风格，由此，形成了独立的仿古玉器琢磨。青铜器的造型和纹饰大量被应用到玉器中，使这些玉器既有青铜的器形美和装饰美，又有玉质的温润美（图1-2-33、1-2-34）。

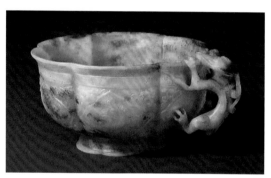

图1-2-33　白玉夔龙柄葵花式碗　宋代

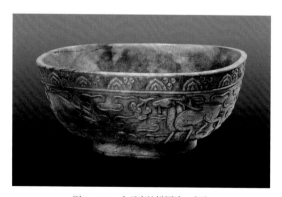

图1-2-34　白玉鹿纹椭圆洗　宋代

其二，玉器造型呈现浓郁的生活气息。从图案、题材上来看，宋玉少了神秘感和迷信的色彩，而是从现实生活中汲取艺术营养，表现现实生活环境中常见的事物，如花卉、鱼虫、鸟兽，以及仙鹤松树、执荷童子等。素材经过

玉工的概括提炼，成就了中国古代现实主义的玉器作品，这和当时兴起的写实主义花鸟画有着密切的联系（图1-2-35、1-2-36）。

图1-2-35　青玉花果佩　宋代

图1-2-36　青玉持莲双童　宋代

（2）工艺技艺特色

宋代玉工在继承传统技法上推陈出新，在汲取圆雕和线刻技巧的基础上，广泛采用镂雕技艺，使玉器取得了很好的艺术效果，在雕琢上十分细致、光挺、玲珑，把玉质晶莹剔透之美充分地表现出来（图1-2-37、1-2-38）。

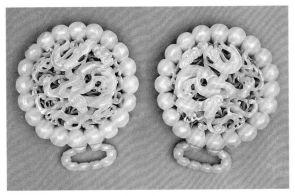

图 1-2-37 白玉镂空云龙带环 宋代

图 1-2-38 青玉镂雕松下仙子 宋代

六、自然野趣的金元玉器

金元时期有两类玉器颇有特点。一类是春水玉，图案为荷叶、莲花、水草、一只鹘欲捉鹅，这类图案称为春水图案。另一类是秋山玉，图案为山石、树木、虎和群鹿，这类图案称为秋山图案。春水玉和秋山玉表现了鹰鹅虎鹿、荷叶芦塘、山丘密林，不仅把大自然的广阔天地浓缩在方寸的玉器之中，而且形象生动、野趣横生、饶有意味。这两种玉器形式为金元时期北方少数民族所常用，图形中所反映的正是北方游牧民族的游猎生活，具有独特的艺术情趣（图 1-2-39、1-2-40）。

金元时期琢玉技巧在传统的基础上有所发展，特别是镂雕采取管钻多向打孔方法，玉器作品更有层次感。元代琢工质朴有力，玉器表面往往留有砣痕，并善于多层透雕，使玉器在简练中见丰富的艺术效果（图 1-2-41）。

图 1-2-40 "秋山"玉炉顶 金代

图 1-2-39 "春水"鹘攫天鹅饰 金代

图 1-2-41 龟鹤纹饰 元代

七、敦厚粗放的明代玉器

明代琢玉规模不断扩大，宫廷中设有玉器作坊，专门制作皇室御用的玉器制品。明代商品经济的繁荣进一步促进了玉器行业，官僚、富商、文人等不同阶层用玉成风，因而玉器作坊遍及各地。

1. 形制纹样特色

明代玉器品种庞大而繁杂，玉器皿就有鼎、爵、壶、瓶、盘、杯、盒、碗等，其中包括仿古器皿，此外装饰摆件、文房用具、玉饰品等，应有尽有。

明代玉器造型有浑厚刚劲之感，也有工整秀丽之气。器物的艺术处理上变化较多，如玉杯就有荷花杯、石榴杯、菊花杯、葫芦杯、菱莲杯、鹦鹉杯、螭虎杯等，各种不同装饰造型的玉杯各显姿态，别有情趣。器皿整体造型和表面纹饰处理恰到好处，纹饰丰富、端庄素雅。明代玉器在运用吉祥题材上有了发展，无论是浮雕、圆雕、镂雕作品，吉祥图案都运用自如（图 1-2-42 ~ 1-2-44）。

图 1-2-43　碧玉螭耳杯　明代

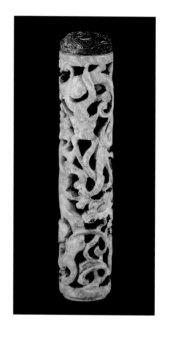

图 1-2-44　玉香笼　明代

图 1-2-42　玉篓　明代

2. 工艺特色

北京是当时玉器制作的重要之地，琢磨古朴雅致而富有盛誉，但其能工巧匠多来自苏州，故有"良工虽集京师，工巧则推苏郡"之说。苏州玉工技艺超群，雕琢精工细作，刀法精湛娴熟、变化无穷，玉器风格典雅精细。苏州玉器风格与北京玉器风格既遥相呼应又融为一体，苏州玉工为明代的玉器发展做出了卓越的贡献（图 1-2-45）。

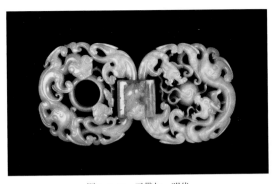

图1-2-45　玉带扣　明代

苏州当时琢玉名家荟萃，均善于雕琢各类器物，又能仿制古代玉器。而琢玉名家陆子冈更为著名，被称为吴中绝技。他擅长玉器小品雕琢，匠心独运、工艺精湛。相传他雕琢的方正、秀丽的玉牌，备受后人的追寻和仿制。

八、集古炫技的清代玉器

清代玉器吸收了历代琢玉之长处，并有了新的创作和发展，极大地丰富了我国古代玉器艺术。清代宫廷中设有"如意馆"和"金玉作"专门制作皇室、贵戚的金玉文玩器物。民间玉作坊遍布全国各地，其中北京、苏州、扬州、天津、杭州等地最为出名。

1. 形制特色

清代玉器制品的种类与明代一样，种类丰富，沿袭了常见的器皿、人物、动物、植物、配饰、文玩等。此外，乾隆时期推行古制，一些规模较大的祭祀活动和庆祝大典常用礼器，如璧、圭之类，而有的仿古玉器则作为陈设之用（图1-2-46、1-2-47）。

同时，乾隆年间，玉料充足，技术成熟，出现了山子玉器，即利用玉料浑然的自然形态作山水造型的雕琢。器形巨大的山子玉器，重量以吨计算，有大禹治水图、会昌九老图、秋山行旅图、采药图、采玉图、赤壁泛舟图等。

图1-2-46　三螭纹觚　清乾隆

图1-2-47　玛瑙凤首觥　清代

2. 艺术特色

清代玉器设计善于巧用玉料，治玉做到物尽其用，已达极高的艺术设计水准。桐荫仕女图（图1-2-48）是清代乾隆年间巧用玉料、构思极致的代表之作。其玉料原是一块带皮的籽玉，因制作玉碗，中间已被掏去，余料被搁置一边，却被独具慧眼的苏州玉工相中。见此"废料"凝思联想，似见故地江南的庭院景色，于是在中间凹圆的部分雕琢了庭院的月洞门。门微微移开，一线光亮由门缝透出，打破了沉闷之感，并且沟通了庭院内外的空间。一少女缓步走向圆门，通过门缝与门外另一少女相互观望、闲聊。而玉料表面浓淡相宜的金黄色分别雕琢了月门上的瓦片、随风摇曳的梧桐、玲珑剔透的太湖石等。秋天的阳光，洒在江南庭园的一角，不但充满浓郁的生活气息，而且如诗如画。这件作品是中国古代玉雕艺术登峰造极的代表作品之一。

这款田青玉菊花盘（图1-2-49），胎薄如纸，高洁清雅，有着伊斯兰风格，这是仿"痕都斯坦玉器"的上乘之作。清代乾隆年间大量的伊斯兰风格玉器经丝绸之路运进京城，当时被称为"痕都斯坦玉器"。乾隆皇帝对异国风情的"痕玉"大为赏识，玉工们也积极仿制和借鉴。

清代玉器还汇集和丰富了历代民间的吉祥祈福。玉工将抽象的吉祥观念物化为一个个具体事物，采用谐音、寓意、象征的手法，创造出一件件亲切、质朴、圆满的玉器作品，无论皇家贵族，还是平民百姓都喜闻乐见（图1-1-50、1-1-51）。

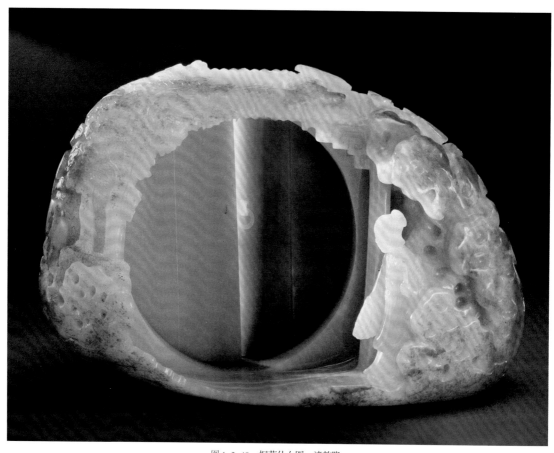

图1-2-48 桐荫仕女图 清乾隆

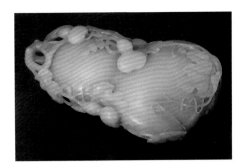

图 1-2-49　和田青玉菊花盘　清代　　图 1-2-50　和田玉双蝠葫芦　　　　图 1-2-51　和田玉双蝠葫芦　清中期
　　　　　　　　　　　　　　　　　　　　　　　清中期

3.工艺特色

历代琢玉技巧经过漫长的历史淀积，在清代得到高度的融合。琢磨工艺高度成熟，圆雕、浮雕、透雕、镂雕、深琢、浅雕、阳纹、阴纹、链子活、镶金工艺等，被玉工们运用得得心应手、游刃有余、尽善尽美，使清代玉器达到了我国古代玉器制作的鼎盛（图 1-2-52）。这座大型的山子作品大禹治水（图 1-2-53），高 224 厘米，宽 96 厘米，座高 60 厘米，达5 000 千克，展现了皇家特有的气派。

图 1-2-53　大禹治水图　清乾隆

图 1-2-52　和田玉四管式炉、瓶、盒　清中期

光辉灿烂的中国玉文化，默默地记刻着历史的变迁，从神秘凝重到轻灵舞动，从顶礼膜拜到信手把玩。"历史上向前一步的进展，往往是伴随着向后一步的探本穷源"。琢玉思源，古韵才能得以传承和发展；尚玉寻根，琢玉才有深厚底蕴。

第三节
近现代玉雕与四大流派

自清末以后古玉失去了她昔日的辉煌，20世纪初期民营玉器作坊的兴起，各地玉匠纷纷成立作坊、商号、行会等。由于作坊、商号均属私人开设，大都财力有限，规模不是很大，玉器产品一般以小件为主，外国洋行与商人也很少有中件以上的作品，有也以修改旧玉为主，当时玉器的造型与纹饰基本沿袭明清时期的造型风格。中华人民共和国成立后，玉器成为我国民族工艺珍贵的艺术瑰宝，各地玉器行业重新走向蓬勃发展。

长久以来，我国玉器有北工和南工之分。北工以北京为中心，主要指以长江以北的玉雕，如天津、锦州、岫岩、兰州、西安、南阳等地的玉器，造型风格和技艺特点受到北京玉器的影响，北工玉器风格具有豪放厚重，古朴典雅的特点；南工以扬州、上海、苏州为中心，以及长江以南的众多玉业，风格呈现精美雅致，圆润唯美的特色。而广州以其特殊的地理位置优势，独领中国现代玉石首饰之风采。全国各地玉业以各自独特的技艺与风格活跃于当代玉器的国际与国内舞台。而现今流传的玉雕四大流派即从北工与南工中分化演变而来。

一、北派玉雕

北派玉雕以北京为代表（北京在明清两代玉器以宫廷御作为主，全国良师聚集北京，玉业盛况空前，玉器颇有宫廷古朴、凝重、华贵之风），是原宫廷玉雕工艺的继承和发扬，作品特色重温润玉质、重造型气韵、重作品意境；强调作品体积感和空间节奏感；用料精妙、工艺爽利、玉艺浑然，形成了庄重大气、古朴典雅的艺术风格。北京现代玉器的主要品种有器皿、人物、花卉、鸟兽、盆景、首饰等，其中以神佛仕女，圆雕花卉和俏色作品最为显著（图 1-3-1、1-3-2）。

图 1-3-1
翡翠　含香聚瑞花熏
高 71 厘米
宽 64 厘米
厚 47 厘米
年代：1989 年
设计：马庆顺、尉长海
制作：北京市玉器厂
现藏中国工艺美术馆

图 1-3-2
珊瑚　鼓上飞燕
高 25.4 厘米
宽 16.7 厘米
年代：20 世纪 70 年代
设计：李博生
制作：北京市玉器厂

二、扬派玉雕

　　扬州是我国著名的文化古城，也是古代玉器的重镇，早在唐代扬州玉器是皇家的主要贡品，同时民间也开始崇尚玉器；宋代时，扬州玉器得到了新的发展，品种有陈设、配饰、仿古器物、文房用具、佛像、宝塔等，作品风格秀丽、儒雅，显露出文人气质。至明清，玉工云集，治玉技艺已经达到了炉火纯青的高度，名扬京城。清代宫廷玉雕巨型山子青玉"大禹治水图"（见 21 页）、青玉"秋山行旅图"都是扬州琢玉艺人的巨作。

　　当代扬州玉雕优秀作品层出不穷，作品既保留了传统玉器圆润浑然、典雅灵秀的风格，又以传统技艺与时代气息相融合（图 1-3-3、1-3-4）。

图 1-3-3
汉柏图　青玉
高 112 厘米
宽 78 厘米
厚 72 厘米
年代：1995 年
设计：顾永骏
制作：田翔、高金等
现存扬州玉器厂

图 1-3-4
松竹梅茶壶　白玉
高 20 厘米
宽 13 厘米
厚 9 厘米
年代：1995 年
设计：扬州玉器厂
　　　江春源
制作：杨文傑
现藏北京工艺美术服务部

三、南派玉雕

南派玉雕指广州、福建一带的玉雕，品种主要有器皿、人物、花鸟走兽等，由于长期受竹木牙雕工艺和东南亚工艺文化的影响，尤其以首饰和立体透雕装饰摆件为著名（图1-3-5）。

另有特色产品镂雕玉球工艺，层层透雕纹饰精美，每层球面旋转灵动，技艺精湛，令人叹为观止（图1-3-6）。

图1-3-5　龙舫　岫玉
高38厘米　宽70厘米　厚16厘米　年代：1994年
设计：广州市南方玉雕工艺厂　甘京华
制作：谢慕贞、何惠旋

图1-3-6　童子观音球　白玉
高25厘米　宽13厘米　年代：1979年
设计：广州市南方玉器工艺厂　何兆荣
制作：何兆荣、陈杏梅
现存广州市南方玉雕工艺厂

四、海派玉雕

海派玉雕于19世纪初处于萌芽时期，发展至今已有两百多年，历史虽然不是很久远，然而与良渚文化一脉相承，既与皇家玉器的形式和气韵相通，又与扬邦、苏邦玉雕情系相依，海派玉雕无论在外观上、纹饰上和砣工上都有着传统的踪迹，根脉相连。海派玉雕不仅记刻着古人对神权与王权，生命与自然，玉质与品德的认识，而且演绎出现代人对玉的理解，对现代形式美的追求。

海派玉雕根植于海派文化，融汇吴越文化以及其地域文化，并吸纳、扬弃、消化一些西方的艺术特色，得到了多元发展。上海玉工以海纳百川的胸怀，适应时代潮流，发扬执着坚守、打造经典、追求完美的工匠精神，经几代玉工的传承创造和技艺积淀，形成了富有独特风格的海派玉雕。海派玉雕是中国现代玉器的重要产地之一，尤其是海派炉瓶鲜明的造型特色，如稳健大气、结构严谨、纹饰清晰、雕琢精美、古朴典雅，青铜韵味浓郁，使得上海炉瓶在全国玉雕行业中享有盛誉。

青铜文化题材的器皿造型是炉瓶器皿中的重器。上海玉雕艺人以青铜器为蓝本，设计创作了多种具有青铜造型风格的玉雕器皿，这些造型虽然脱胎于青铜样式，但是又根据玉雕材料和技艺的特点进行了造型变化，器形趋于浑然，纹样装饰更利于材质特性显现，因此，其既保留青铜艺术的大气、雄健、精美，还增添了一份温润与玲珑美感，这是上海玉雕的一大特色与亮点（图1-3-7～1-3-10）。

图1-3-7　虎头觥　碧玉
高30厘米　宽30厘米　厚15厘米
年代：20世纪60年代
设计：上海玉雕厂　刘纪松
制作：方国全

·作者借鉴古代青铜觥的器形，用碧玉为原料，深碧色，玉质佳。盖钮为一夔龙，拱起成环梁，器盖形状似伏卧的老虎，头在流上，尾与兽形鋬的上端相连接；流下饰兽形立耳，套活环；觥上饰浮雕变形兽纹、凤纹；长方形高圈足，尤其是增添了活环的雕琢，使器型更有玉雕的工艺特点。

图1-3-8　兽面壶　青玉
高20厘米　宽15厘米　厚12厘米
年代：1982年
设计：花长龙、刘忠荣
制作：刘忠荣

·作品借鉴了古代青铜器"兽面纹龙流盉"的造型，壶身雕饰饕餮纹，层次丰富；壶嘴与盖钮均为高昂龙首，壶身壶盖之间形成束腰，上下连接，并布满纹饰；壶颈与手柄部饰以变形龙；腹底三足鼎立，足上雕饰饕餮浮雕。这件作品是上海玉雕炉瓶的经典之作，被评为国家文物级珍品，现藏中国工艺美术馆。

图 1-3-9　百圈炉　碧玉
高 30 厘米　宽 20 厘米　厚 20 厘米
年代：1987 年
设计：陆志勇　上海玉石雕刻厂
制作：沈建平

· 炉体造型借鉴了古代彝器，在钮、盖、腹身上雕饰了 100 个纵横排列有序的兽头衔圈环。炉腹身浅浮雕雷纹；腹下 4 只兽足。此款器形稳重，各部雕饰造型别致、精美，由于"百圈炉"的工艺复杂与难度，琢磨具有一定的挑战性，而成为炉瓶中的珍品。现藏中国工艺美术馆。

海派玉雕除了炉瓶产品以外，还有人物、鸟兽、花卉、首饰等产品，无论在设计上还是在制作上造型完美，做工精到，富有创意与特色。在本书后面的制作环节另有图说。

当代海派玉雕继承古玉文脉，融汇京派宫廷玉艺，集全国玉雕之精英，如新疆、黑龙江、福建、云南、安徽、徐州等地的琢玉高手，在这里各显风采。海派玉雕用玉上乘，讲究设计，在题材、造型、款式以及雕刻技法上匠心独用，形成了"海纳、精作、灵气、雅致"的艺术风格。上海玉器与北京玉器南北合璧形成了当代中国玉器风格的主流，创造出了玉意美好、丰富多彩、赏心悦目的玉器世界。

图 1-3-10　双羊尊　黄玉
高 13 厘米　宽 12 厘米　厚 6 厘米
年代：1978 年
设计：刘经松、花长龙　上海玉石雕刻厂
制作：周锦、蒋灿林、方国全

第二章
玉工艺·琢磨成器

玉料材质本身就是一种美，

玉雕艺术就是质感的艺术。

玉料在不同的形状、色彩、光泽、透度中展现出各自特有的质感，

琢玉就是遵循玉料的自然之美，

通过切磋琢磨进一步展现其内在的玉性之美。

第一节
千石万玉 石之美者

对于玉石的概念有广义和狭义之分。狭义是指矿物中软玉（和田玉）、硬玉（翡翠），广义是沿袭我国民间传统观念"玉，石之美者"，泛指坚硬润质、稀有珍贵、色彩亮丽的美石。

玉石是大自然神奇造化的结晶，是凝结亿万年天地灵气的精华，色彩变化奇幻，妙不可言，种类丰富多彩，素有"千种玛瑙万种玉"的说法。

一、和田玉（软玉）

和田玉在矿物学中属软玉，摩氏硬度为 6 ~ 6.5，温润、细滑、色泽雅致，呈凝脂半透明状，区别于其他宝石的冷艳，温润是和田玉特有的审美要素。视觉优雅温和、醇厚润泽，给人以温文尔雅的气质；触觉沉甸坚实、糯滑柔顺、细腻温润，给人以内涵丰厚之感；听觉清脆悦耳、音质悠扬，象征着坚毅、内敛的高贵品质。软玉不弱，外柔内刚，美而不艳，温文尔雅，和田玉把玉之美即"绚烂之极，归于平淡"之意，表现得淋漓尽致，不愧为国玉。

和田玉由于地理位置的不同基本又可分为籽料与山玉。

籽料：有皮质，俗称石流籽料。此料是从冰川之上冲入江河，又随着汹涌江水带到了河的下游，经过了漫长岁月的迁移、滚动，又

伴随自然的风化剥蚀，形成了包皮状，质地细腻温润，光滑如卵。籽玉由于浸润了不同的矿物成分，呈现出不同的颜色，有的籽白玉经氧化表面带有一定色彩，有红枣皮、秋葵皮、虎皮色等，它们都是和田玉的名贵品种（图2-1-1）。

图2-1-1 和田玉籽料

山料：无皮质，俗称"昆仑山玉"，产于新疆且末县，属软玉的原生矿石。山料的特点是块度比籽料大，有棱角，良莠不齐，质量一般不如籽玉。纯白的山玉量较少，因含不同的微量元素，呈现白、青白、青、青灰、黑，还有糖色、碧色、黄色等品种（图2-1-2）。

图2-1-2　和田玉山料

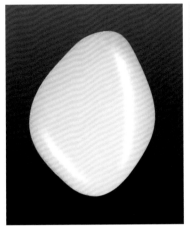

图2-1-3　羊脂白玉

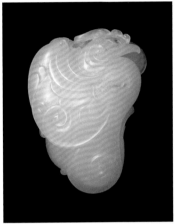

图2-1-4　白玉凤凰

・白玉，玉白色，其名有羊脂白、梨花白、雪花白、象牙白、鱼肚白、糙米白、鸡骨白等。以细润、油白如羊脂为最佳，称为"羊脂白玉"，是和田玉中的珍品（图2-1-3、2-1-4）。

・黄玉，玉为黄色，有蜜蜡黄、栗色黄、秋葵黄、米色黄等，而以蜜蜡黄、栗色黄为上品，黄玉一般颜色浅淡，少有浓色（图2-1-5）。

・青玉，玉为青色，是一种较为混沌的颜色，色相是一种不鲜明的淡青色，似铁莲青、竹叶青、灰绿青等（图2-1-6）。

图2-1-5　黄玉夔龙献璧　清中期

图2-1-6　青玉兽面纹剑格　汉代

・碧玉，玉为碧色，多为深绿色、暗绿色、墨绿色，鲜艳绿色很少。碧玉中常带有黑点、黑斑或杂质，碧玉以色彩鲜明为好，绝佳碧玉颜色如同翡翠（图2-1-7）。

・墨玉，玉为黑色，呈灰黑至黑色。黑色在玉中经常是不均匀的，呈花斑、带状、云状等分布。其名称有乌云片、淡墨光、金貂须、美人鬓、纯漆黑等（图2-1-8）。

图2-1-7　碧玉浮雕松树笔筒　清代

图2-1-8　墨玉螭纹璧　明代

二、翡翠（硬玉）

翡翠在矿物学中称为硬玉，产于与我国云南省德宏、保山毗邻的缅甸。在山上称为山石，在河底称为水石。翡翠结构紧密，质地细润，摩氏硬度为 6～7，呈玻璃至油脂光泽、透明至不透明状。翡，是硬玉红色部分的简称；翠，是硬玉绿色部分的简称；还有"春"，是翡翠中紫色部分的简称。翡翠颜色丰富多彩，如祖母绿、玻璃绿、斗绿、丝瓜绿、浅水绿，又如瓜皮青、白地青、油青，还有春花色、春带彩、墨水蓝等。颜色是决定翡翠价值的重要因素，以色浓、色纯、色匀为佳，尤其是绿色。

上好的翡翠通体呈现出水润灵透，冰清莹透，糯性盈透质感，折射出透亮的玻璃光泽，给人以清凉明快之感，在淡淡的冷艳之中，调和着轻快与醇厚的色彩，显示出神秘与高贵之气。（图 2-1-9、2-1-10）

图 2-1-9　翡翠玉料

图 2-1-10　翡翠丹凤花插　清中期

三、其他玉料

1. 岫岩玉

岫岩玉的矿物学名称是蛇纹石玉，因主要产于我国辽宁省岫岩县而得名。摩氏硬度为 5～5.5，质地细腻，性软而脆，油脂光泽，水头较足，半透明体为多，少量微透明或不透明。岫岩玉以绿莹莹的青绿色为主，其深浅不一，有淡绿色、绿黄色、油绿色、灰绿色、暗绿色、墨绿色等，有时还含有暗红色、铁红色、金褐色，以及黑灰、青白等杂色。岫岩玉由于色彩丰富，因此常作为俏色雕琢的良好玉料。岫岩玉雕琢范围极广，可以是大件的，也可以是小件的，题材多种多样。（图 2-1-11、2-1-12）

图 2-1-11 岫岩玉

图 2-1-13 独山玉

图 2-1-12 岫岩玉 香草炉 上海玉雕厂设计制作

图 2-1-14 独山玉 玉兰双鸟 上海玉雕厂设计制作

独山玉开采历史较早，安阳殷墟妇好墓出土的 700 余件玉器中，就有部分南阳玉。独山今遗留有古代采玉的矿坑 1 000 余处，可见古代采玉之盛况。

2. 独山玉

独山玉为一种蚀变辉长岩，由多种矿物组成，主要是黝帘石和斜长石，摩氏硬度为 6～7，质地坚韧，半透明至不透明。独山玉因产于我国河南南阳市郊独山而得名，也称"南阳玉"。独山玉以绿颜色为主，由于矿物成分的不同和多少而形成不同的色彩，有蓝绿色、淡绿色、黄绿色，以及白、紫、黄、红、青、墨等颜色，有的白绿相间，可作俏色玉雕。（图 2-1-13、2-1-14）

3. 绿松石

绿松石又名松石，因其色、形似碧绿的松果而得名，是稀有的名贵宝石品种之一。绿松石具有柔和的蜡状光泽，属三斜晶系，质地十分细腻，韧性较差，摩氏硬度为 5.5～6。绿松石因含不同的元素，颜色有所差异，形成天蓝色、淡蓝色、月蓝色、绿蓝色、绿色、豆绿色、淡绿色等。优质绿松石经抛光后犹如上釉的瓷器，故有"瓷松"之称。在块体中有铁质"黑线"的称为"铁线绿松石"。"黑线"在绿松石

上形成美丽的线纹，很有特色。（图 2-1-15、2-1-16）

图 2-1-15　绿松石

图 2-1-16　绿松石　母子戏犬　清中期

4. 青金石

青金石在矿物学属方钠石族，其拥有庄重而浓艳的青蓝色、深蓝色、藏青色和淡青色，摩氏硬度为 5~6，不透明，有玻璃至油脂光泽。青金石常含有很多杂质，如透辉石、方解石、黄铁矿等，当黄铁矿的细小颗粒嵌于青金石中，闪烁着金星的光亮。由于青金石色彩深沉庄重，一般可用来雕琢佛像、炉瓶之类。上好的青金石也作镶嵌之宝石。青金石是天然的矿物颜料，我国敦煌莫高窟千佛洞的彩绘，就是用青金石磨成粉末作颜料的，画面色感艳

丽、雅致、沉稳，永不褪色。青金石是我国自古以来进口的玉料之一，多数来源于阿富汗。（图 2-1-17、2-1-18）

图 2-1-17　青金石

图 2-1-18　青金石山水人物山子　清乾隆

5. 孔雀石

中国古代将孔雀石磨成粉末作为国画的颜料，称其为"石绿"。因孔雀石的颜色和纹理与孔雀的尾羽极为相似，故得此名。孔雀石是一种含铜的碳酸盐矿物，属单斜晶系。摩氏硬度 3.5~4，颜色有翠绿、草绿、暗绿色等，有明显纹带。优质孔雀石结构紧密坚实，无裂

纹、无孔隙，颜色呈鲜艳的微蓝绿色，纹理清晰富有变化。造型自然、奇特、优美的孔雀石可作观赏石。大块的可用于大件玉器原料，如用于雕琢仕女、佛像、瓶等摆设；小的则用于首饰品，如戒面、鸡心、项链等。（图2-1-19、2-1-20）

图2-1-19　孔雀石

图2-1-20　孔雀石　龙钵
作者：潘秉衡　年代：1959年

6. 玛瑙

玛瑙的主要成分是二氧化硅，摩氏硬度7～7.5，质地细腻、坚硬、脆性，半透明，玻璃光泽。由于玛瑙形成的过程很缓慢，是一层一层逐渐凝结的，所以它的截面是各种相似色的带状条纹，层层相叠。玛瑙中心有不同的特征，有实心的，有空心的，中心含水称为水胆玛瑙，是玛瑙中的珍品。玛瑙色彩丰富，有红色、蓝色、绿色、紫色、褐色、黑白灰等色，因而有"千种玛瑙"之说。由于玛瑙在一块原料中就有不同的色彩，因此，可以雕琢俏色之作，有着很高的艺术价值和经济价值。（图2-1-21、2-1-22）

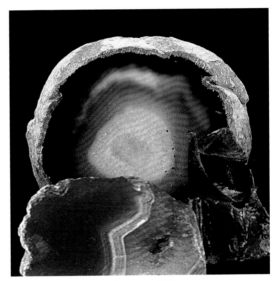

图2-1-21　玛瑙

图2-1-22　玛瑙桃椿双孔花插　清代

7. 水晶

水晶的主要成分也是二氧化硅，摩氏硬度为7，清澈透明的水晶外形很有规律，常见的呈几何的六方柱、菱面体、三方双锥等。水晶的品种有：无色水晶、紫水晶、黄水晶、烟晶、墨晶、发晶、水胆水晶、蔷薇水晶。水晶性脆，在琢磨中不能遇热，如在冬天制作，偶然遇上一点热水，容易发生爆裂，出现碎裂现象。（图2-1-23、2-1-24）

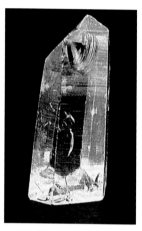

图 2-1-23　水晶

图 2-1-24　水晶活链花篮　清代

8. 芙蓉石（又名祥南）

芙蓉石是一种半透明至透明的石英块体，摩氏硬度为7，坚硬兼脆，断口贝壳状，呈玻璃光泽，有宝石的反光特点。芙蓉石顾名思义它的颜色就如芙蓉花一样粉红而艳丽，也称红水晶、玫瑰水晶、蔷薇石英。

芙蓉石以呈鲜艳的樱红色、透度强、少裂纹、无杂质为上品。由于脆性且多裂纹，故其不宜雕饰过细的作品，一般都用来雕琢器皿、花鸟等。（图2-1-25、2-1-26）

图 2-1-25　芙蓉石

图 2-1-26　芙蓉石　牡丹花瓶
上海玉雕厂设计制作

9. 木变石（又名老虎石）

木变石其结构是平直密集排列的纤维状石英集合体，因此形成了十分清晰的似木纹的丝绢光泽，故名木变石。木变石的颜色常有嫩黄色、金黄色、黄褐色、深褐色等，其中以金黄色为佳。木变石质地细腻坚韧，有明显的犹如竹的丝缕和较强的折光，是不透明体，玉质纹彩耀眼，珠光宝气。（图2-1-17、2-1-28）

图 2-1-27　木变石

图 2-1-28　木变石薰炉　作者：张萍

10. 珊瑚

珊瑚虽然也是玉雕的原材料之一，但却不是矿物，而是生长在浅海礁石上的一种珊瑚虫尸体长期堆积而形成的石灰质骨骼。珊瑚摩氏硬度3.5，质地细腻致密、坚韧，是不透明体，又无反光，我国台湾沿海、海南岛、澎湖列岛均有出产。珊瑚颜色有深红、鲜红、粉红等，其中以色红鲜明为上品，红白色次之，枝体越大越好。

原枝珊瑚由于是树枝状，姿态自然、优美，不经雕琢也是一件珍贵的装饰品。珊瑚适宜雕琢人物、花鸟等，不适合雕琢炉瓶之类。（图2-1-29、2-1-30）

图 2-1-29　原枝珊瑚

图 2-1-30　珊瑚　仕女　清代

第二节
水砂和声　琢玉成器

一、琢玉工具

　　玉雕的工艺特点是由玉料的材质特性所决定的，玉石坚硬，具有脆性，不宜用刀具进行雕琢，只能用以柔克刚的"水磨"方式进行加工，因此，古时琢玉在"水凳"上配以砣轮、水、砂来对玉石进行研磨。至今，玉雕的制作原理还是以"水磨"的方式为主，其基本工具仍然是砣机、砣轮、砂和水。

1. 砣机（玉雕机）

　　自古以来琢玉一直是在转动的砣轮之下进行的。图 2-2-1 是《天工开物》的琢玉插图，图中琢玉者的双脚不断地上下踩动，然后通过皮带传动使轴杆和铁制砣轮不断地双向来回转动，其转速的快慢完全在于脚下，同时双手加以配合进行磨制，这就是从前"脚蹬手磨"的琢玉方式。这种方式一直延续到 20 世纪 50 年代左右。之后，手艺人开始以电动马达作为动力，使双脚得到了解放，不仅加快了转速，还大大提高了功效，另外单向转动更便于磨制。20 世纪 70 年代起玉雕机又发生改革，那就是一直沿用至今的高速玉雕机。它的优点是机型小，转速极快，而且无级调速，同时还有电子

机，软轴吊机等，现代科技为玉器琢磨提供了良好的设备（图 2-2-2）。

图 2-2-1　古代琢玉

图 2-2-2　现代琢玉

2. 砣轮

砣轮是琢磨玉器的轮子，有不同形状和大小，有各自的用途和名称（图2-2-3）。（这些砣轮的名称都是行业中的俗称，由于南北方言不同，因此各地称谓也存在差异）

（1）砣轮的种类和用途

铡砣和錾砣：这两种工具都是圆形片状的。铡砣直径约30厘米（有大小之分），錾砣直径约10厘米（有大小之分）。铡砣一般作分割玉料的切削或作品大坯的出形，而錾砣是继铡砣后使用的，做小块面的斩切、出坯。

錾砣出坯通常有直斩、斜斩、排斩等，行话称斩、切、削、标、扣、挖等。錾砣是圆片状的，又飞速旋转。初学者对錾砣的使用要格外小心。

冲砣：类似砂轮的造型，直径约10厘米，可对器物进行大面积的研磨。

压砣：一般是斜口的，同时还有平口的、快口的、反口的等，大小有很多种，可根据不同的需求进行选择。压砣通常用于磨制平面、斜面、抛面、凹弧面等。

轧砣：也称轧眼，形状似钉头，而且有些轧砣就是用铁钉做成的。轧砣大小不一，大的似铜钱，小的比芝麻还小。其用途极为广泛，琢磨手势变化无穷，有扎、推、拉、拔、顶、扣、走等技巧，可进行极为精细的雕琢。

掏砣：是用来掏磨瓶、炉、壶等内壁的，使用时要不断上下左右移动，并注意壁面的厚薄均匀。

钩砣：圆片状，直径一般在1厘米以内，用来勾线，如发丝、叶脉、纹样等，是作品的提神之笔。雕琢时要平心静气，手势灵活，气运手移，这样勾出的线条方能似游丝、如铁线，流畅而有力。

象形砣：有橄榄、枣核、尖针、蛋形、圆球、喇叭等，都有特殊的用途。尖锐工具一般琢磨玉器上跟脚的部分；圆润工具可以用作深部的掏磨，还用作与浅凹弧面的淌磨；钉砣与喇叭一般会形成直线、弧线、旋转（卷子头）等斜坡的砣痕。

杠棒：杠棒有长短、粗细之分，此类工具用于磨去不同形的多余玉料，还可打孔、磨凹槽等。

砂钻：是用来钻孔的工具，其造型是用铁皮卷成中空的管。由于工具呈中空状，因此在打孔的过程中还保留着圆柱状的玉芯。这一工具有着独特的妙用，如可留住玉芯，作销子用，又如制作炉瓶的套用玉料，环环相扣，节节相叠。

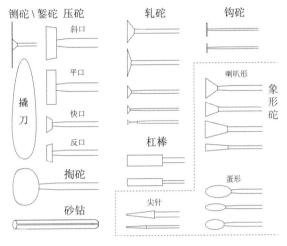

图2-2-3　常见的传统砣轮名称与外形

到了20世纪70年代以后传统工具逐渐被钻石粉工具所代替，其材质和造型基本不变，只不过在工具的表面电镀了一层合成钻石粉，实现了铁砣和金刚砂的融合（图2-4-4）。

图2-2-4　钻石粉工具

（2）运砣的要求

精湛的运砣技法使玉器产生特有的雕琢感，给观者以特有的感染力，同时表现出玉工的个性风采。

压——深浅流畅："压"的工具是压砣，琢磨的面积相对比较大，如底面、表面等。有平面的，也有抛面的。运砣要求极高，不允许有砣轮的磨痕或者高低不平的现象。磨面呈平整顺畅、光泽柔和的效果（图 2-2-5）。

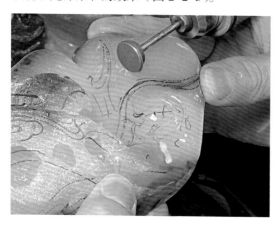

图 2-2-5　压——深浅流畅

走——贴切挺顺："走"一般指压砣和轧砣。运砣前行，走势要稳，部位一般是在玉器的外延或者较浅的位置。可根据形象的要求，采用直、斜、弧、侧、贴等手势。砣痕可清晰也可无痕迹，视造型而定。玉器在贴切挺顺的运砣中，可走磨出光挺的抛物面、刚直的线面、多变的棱面等（图 2-2-6）。

图 2-2-6　走——贴切挺顺

淌——匀净柔和："淌"的技法是用压砣横走或者以蛋形砣琢磨，砣痕一般不是很深，呈现出浅浅的凹弧面，此形正好和砣轮本身的形状相吻，一般是"淌"在形象的边缘处，如衣纹、叶片、羽毛、流云等，边缘有翻起的感觉，因此，凹弧之面可以碾磨至圆润匀净、光晕柔和。这种"淌"的工艺在新石器时代就有表现，而今运用更为广泛，给玉器造型增添了优雅的气质和特有的韵味（图 2-2-7）。

图 2-2-7　淌——匀净柔和

扎——遒劲有力："扎"的工具是轧砣，运砣可深扎、平走、推拉等，或者交替使用。砣痕一般深而窄，粗细不一，弧直有致。施艺形成陡的坡面，线感强劲，富有弹性。"扎"的砣痕在玉器造型中有较强的表现力（图 2-2-8）。

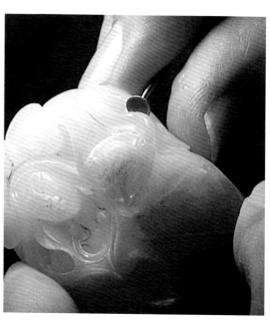

图 2-2-8　扎——遒劲有力

勾——流畅利落："勾"的砣痕线形细腻、圆润、流畅，是玉器琢磨的提神之笔。勾长线，运砣要准而灵活，线的势态、流转、渐变一气呵成。勾短线如须毛、叶脉等，钩砣随势轻轻上提或上挑，与工笔画的勾线运笔有相似之处（图2-2-9）。

图2-:2-9　勾—流畅利落

挑——细部清晰："挑"使用的工具一般是尖针与尖橄榄，是对作品所有的细部末端、缝隙、尖角进行清理，看似不起眼的工艺，但为整个作品的精美起到了重要的作用，微妙精到的"挑工"，使玉雕更为精美（图2-2-10）。

图2-2-10　挑—细部清晰

精湛的琢玉技巧要求砣工有时细腻柔和，有时粗犷有力。玉工经多年实践磨炼出的精湛运砣手法，是心灵和技巧的融合体。

3. 砂

传统玉器琢磨离不开金刚砂，而且不同的工具和工序对金刚砂的粗细有着不同的要求。片状的和细小的工具要用细砂，因为细砂容易黏附在工具之上；大的工具可以用粗砂，如冲砣、大压砣、掏砣等，这样便于快速磨制。粗坯雕琢用粗砂，精工细作用细砂。现代琢玉已基本没有这样的过程，因为现代工具将粗细钻石粉末分别融入了不同的砣轮之中，并有着严格的要求和合理的工序。

4. 水

古时琢玉砣机被称为"水凳"，可见水和琢玉的关系密切，无论春夏秋冬，玉工的灵巧之手永远沾水，有了水，散砂才能凝聚，才能粘在手和工具之上，去湿润玉石，水磨器形。即使是现代的钻石粉工具也离不开水，如果没有水，碾磨就会速度缓慢、粉尘飞扬，还容易使玉石出现崩口。因此，水伴随着琢玉的全过程（图2-2-11）。

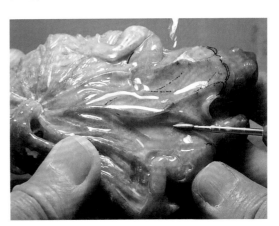

图2-2-11　水磨成器

玉器工艺是特种工艺，它以砣轮滚过的印痕表现出玉器的特质语言，玉器无论表现什么题材和造型，"砣痕"依然苍劲、有力而优美。

二、工艺流程

1. 勾线画稿

勾线画稿由于玉雕器形大小、简繁、形式的不同，因此，画稿的方式也是多样的，可根据不同的需求而采用相应的方式：

其一，根据玉料把立意构思画在纸上，在画的过程中可以调整不理想的部分，以至线稿勾画完美，在以后的制作过程中有一个参照和依据（图 2-2-12）。

图 2-2-13　白玉　春燕归来画稿

图 2-2-12　松鼠葡萄水盂画稿

其二，根据玉料的造型打腹稿，"腹稿"通常运用于比较简约的造型，意在心中，然后在制作中勾画玉意。

其三，根据创作和立意把形象的外形与细部勾画在玉料上（图 2-2-13），也可先勾画大体轮廓，后画具体形象（图 2-2-14）。画稿不是一次完成的，是随着琢磨的不断深入而逐步具体化、细化的。首先可以用简练线条勾画出玉器造型的外轮廓线，因为玉器出坯是用块面法斩出大体形态的。出坯后，表面勾画的墨线已经没有了，这就需要再次勾画墨线，把具体的形象画在玉料上，如此不断地反复，以致最后完成。

实际上独立的琢玉者是把以上三种画稿的方式揉和在一起，来完成玉器的设计与制作。

图 2-2-14　老虎石　玉虎轮廓

2. 錾砣出坯

錾砣出坯俗称"细砂出坯"，是玉器出坯的第一阶段，所使用的工具是铡砣和錾砣，而其一定要用细砂来作为琢玉砂，故此称为细砂出坯。

细砂出坯的特点是直线块面法，这是由工具的片状造型所决定的，同时也符合造型的基本规律。錾砣出坯一般先用大錾砣，斩时要整体入手，不要被次要、细小的形象所束缚，要大胆、明确地斩出大体造型，然后再用小錾砣进行逐渐的局部出坯和深层的斩挖。

錾砣出坯可体现出琢玉水平的高低，其表现在两个方面：其一是造型能力，通过錾砣出坯，玉器的基本造型和具体形象的部位已基本确定，不可改变。其二是斩工到位，高明的琢玉师不但能斩出玉器的大体造型，而且也能用錾砣概括地斩出形象的局部，这样后道工序更为省力，大大提高了工效。錾砣出坯是琢玉的第一阶段，也是关键的阶段，它直接关系到玉器造型的质量。琢玉者不仅要表现出对玉器立体造型的胸有成竹，而且要具备稳健、大胆、正确、熟练的出坯技巧（图2-2-15）。

图 2-2-15　老虎石　玉虎錾砣出坯

3. 粗磨出坯

粗磨出坯俗称"粗砂出坯"，是继錾砣出坯后的工序，采用压砣、杠棒、轧砣等工具并加以粗砂来对玉器造型实施全部的碾磨和调整，使具体形象得到进一步的明确和细化，为最后的精工细作打下了基础。（图2-2-16、2-2-17）

图 2-2-16　粗砂出坯

图 2-2-17　大小砣具

以上补充说明

· 錾砣出坯，通常是圆雕摆件类的工艺。

· 对于小型玉雕，尤其是对籽料的雕琢，惜玉如金，大部分是采用浮雕的方法，就不需要錾砣出坯，可直接采用粗砂出坯的方式，即用压砣等工具琢磨出大体的基本造型，所使用的砣具可选稍粗砂粒的钻石粉工具（图2-2-18）。

图 2-2-18　浮雕玉狐粗磨出坯

4. 精雕细琢

精雕细琢俗称"细砂了手"，是琢玉工艺的后道工序。虽然所使用的工具和琢磨粗坯的工具是一样的，但在用砂上要选择细砂工具，这样雕琢更为细腻，工艺技巧更加到位，使整个玉器作品中的各个部分都趋于细致完美（图2-2-19）。

图2-2-19　细砂了手

"了手"是细活，琢磨要根据不同的对象去选择合适的砣轮（图2-2-20），仔细琢磨出作品各部的形象，对重点部分的刻画更应细致入微、丝丝入扣，同时运砣肯定，刀迹清爽。

图2-2-20　不同种类的精雕细琢工具

5. 抛光

现代琢玉中的抛光通常不是由琢玉者来完成的，而是由专业抛光师来实施的。抛光以后的玉器才能露出玉质特有的温润光泽，尽显晶莹剔透之美。

一般抛光有三道工艺：

（1）细砂水磨

细砂水磨，俗称"去糙"。首先用极细的金刚砂泡在水碗中，再用厚的毛竹片制成不同的抛砣或用胶碾（用虫胶、火漆制成的抛砣），然后用手粘上水砂放在抛砣上对玉器进行抛磨，使玉器表面全部达到微微发亮的程度。由于细金刚砂对玉器的抛磨存有一定的磨损，因此这道工艺有着很高的要求，既要去掉糙面，使表面光滑细腻，又不能损伤雕琢的造型、纹饰，不"走形"。高明的抛光师不仅能顺着琢磨的形态进行抛磨，保持玉器原作的神韵和气息，而且还能对琢磨者的败笔加以修正，使玉器更加完美。

细砂水磨现代也可用"打磨"的方式替代，所采用的工具主要是"油石砂条"和"金刚砂磨盘"。打磨的"砂条"是由油石切割而成，大小形状可根据需要而定，砂条磨的接触面要和玉雕的形保持一致，因此，砂条要不断地在金刚砂磨盘上磨出和玉雕相应的造型磨面，这样，打磨才不会走形。通过打磨，充分显示出玉雕细腻、柔和、油润光泽图。传统的"去糙"与现代的"打磨"原理、工序是一样的（图2-2-21）。

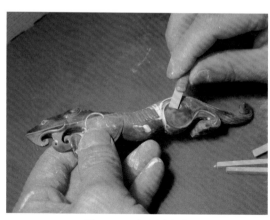

图2-2-21　油石砂条打磨

（2）抛光起亮

因为抛光使用的砣轮是用皮做的，所以俗称"上皮砣"（图2-2-22）。皮砣黏着和水的抛光粉旋转抛磨，当其有些发烫时，玉器就渐渐明亮起来。这样不断地抛磨，至玉器全部光亮。也可使用鬃刷轮加抛光粉进行抛光，使玉器全部光亮起来（图2-2-23）。

（3）上腊罩光

把抛光后的玉器和石蜡放在容器里，慢慢加温，使石蜡融化，玉器完全浸润于蜡液之中，吃透蜡液，上蜡作用于玉器中没有打磨到的细微磨痕，干涩缝隙，得到全面的滋润。经过一定的时间浸润，取出后用干净棉布擦去表面多余的蜡液，此时，玉器仿佛进行了一次"淡妆"，光泽更为柔和、均匀、完美（图2-2-24）。

图 2-2-23　鬃刷轮抛光

图 2-2-24　抛光上蜡后的效果　作者：吴非濛

图 2-2-22　皮砣抛光

三、工艺形式

玉雕的工艺形式主要是讲雕塑与雕刻中所塑造的空间形态变化，如圆雕、浮雕、透雕、镂雕、反雕、薄意、线刻等，以及它们之间的关联与区别。

1. 圆雕

圆雕是三维空间的立体造型，可以从多个方向去观赏它的造型美感，随着视点的移动，展现出不同的画面。当然，总有一个面是最佳观赏角度，即正面（图2-2-25）。

图 2-2-25　圆雕　白玉瑞兽　清乾隆

2. 浮雕

浮雕顾名思义，形象从平面上"浮"起。面上"浮"起的形象较高，称为高浮雕；面上"浮"起的形象较低，称为浅浮雕。它的塑造手法是将形象进行压扁的处理方法（图2-2-26）。

图 2-2-26　浮雕　神兽纹玉樽（局部）　汉代

3. 透雕

透雕是穿插于圆雕和浮雕造型中的一种特殊造型手段，即雕空、镂空、挖空，刻意去掉形象以外的虚体部分，使形象清晰，虚实对比强烈，形成通透的空间感（图2-2-27）。

图 2-2-27　透雕

4. 镂雕

镂雕同样在圆雕、浮雕之中的造型手法，与透雕相似，而镂雕更有层次感，在作品的空间视觉上往往是"曲径通幽"，观看作品要不断转动视角，才能观赏其层次、空间、流动感，具有玲珑剔透的效果，同时，显示出琢玉者高超的空间塑造能力与琢玉技巧（图2-2-28）。

图 2-2-28　镂雕

5. 反雕

反雕的工艺造型通常在透明的材质上实施的，如水晶，在作品背面采用凹面、阴模的形式实施雕琢，而从正面观赏，通过透明材质的透射、折射，不仅使作品产生丰富的空间感，同时使雕琢的形象更加清晰（图2-2-29、2-2-30）。

图 2-2-29　反雕

图 2-2-30　正面效果

图 2-2-32　线刻

6. 薄意

薄意即极浅薄的浮雕，因雕刻层薄而富有画意而得名。它通过浅薄而细微的刻画来体现画意，将章法、意境融入薄意雕刻之中，形成了具有雕刻和画意相融合的艺术特点，其雕刻不但有砣痕、刀法的韵味，又富有诗情画意（图 2-2-31）。

在实际运用中往往有多种工艺手法共同来完成整个作品的雕琢。如这件春秋战国的精美玉器（图 2-2-33），在浮雕的基础上采用透雕的形式使龙凤形象更加清晰，又以薄浮雕与阴线雕琢加以装饰，具有形的力度与张力，线的流长与柔美，整体造型大气、精美、雅致。

图 2-2-31　薄意

7. 线刻

线刻也称之为阴刻，在琢玉中，无论是长线还是短线，是弧线还是直线，线迹要体现"畅"和"爽"，砣痕、线感有一气呵成之意。线刻在玉雕中具有书画性，可以表现不同的题材，通常见于玉牌之中的山水与花鸟（图 2-2-32）。

图 2-2-33　龙凤玉佩　春秋战国　芝加哥美术馆藏

四、工艺要求

玉器在琢磨过程中由于造型需求的不同，琢玉工具在使用中慢慢形成了特有的线、面、体的语言。它们虽然是一个有机的整体，但是，它们也各自表现出特有的形式美感，因此，对琢磨也有着不同的要求。

1. 线的优雅流畅

线的语言在玉器表现上是非常重要的，它所展现的砣痕、刀法也是多样的：用压砣表现出线的古拙和劲健，用轧（钉）砣表现出线的圆润和力度，用钩砣表现出线的丝丝游动、细腻娟秀。

2. 面的光挺柔顺

玉器中有很多形态的面，有光素的抛面，板直的底面，转折的棱面，琢磨时运砣顺稳，磨面光挺柔顺，不留砣痕，还有圆转起伏、陡峭挺拔、细微变化、大小各异的表面，施艺爽快肯定、干净利索，表现出不同形象的质感和姿态。

3. 体的浑然圆润

"圆"是玉器的魂，这不仅是材料所决定的，还与圆形的工具有关。一般避免折角、锐角，即使是方形器也要方中带圆。玉形处于"浑然圆润"的状态时，能够最大程度体现出玉性的美感。从而显示出玉质的温润、莹透、浑然之美。

4. 线脚清晰精到

一件玉器的工艺到位与否在很大程度上是要看线脚是否清晰，死角是否理清。这些细微末节之处施艺一定面面俱到，细细雕琢，使玉器图形更为清晰，它是鉴别玉器做工的看点之一。

5. 出形阳刚之气

在玉雕的琢磨中常有表现雄健有力、挺拔之势的器形，在总体雕琢过程中无论是錾砣出形，还是压砣等工具的施艺，要把握整体与局部，转折与线面之形的光挺硬朗，毫无拖泥带水之迹，使玉形素面光感强力，表现出玉雕之形的阳刚之气。

6. 琢磨细润之韵

玉雕最终是要表现出玉质之美，使用各种砣具对不同形象的施艺都要合理、精准、贴切，通过细细地研磨，使硬质材料与刚柔之形充分显示出玉质特有的细腻、温润、柔美的韵味。

施艺要求总的来说要达到运砣爽快、线形流畅、磨面光挺、曲面圆润细节精湛，不同的琢磨技巧是治玉者丰富、生动的琢玉语言的综合体现。灵活、合理的运用不仅把握着玉器的总体美感，从中显现出不同的雕琢趣味，而且提升着整个作品的艺术价值和经济价值。

第三章
玉巧思·设计之美

由于玉器施艺过程是围绕玉料为中心而展开的创造活动，
经几千年的玉工实践，已形成一整套独特、精深、
自成体系的工艺规律，"因料设计与因材施艺"，
是中国玉雕传统技艺的核心。

第一节
相玉读料 迁想妙得

玉器的创意设计从相玉开始，与玉料沟通、对话，寻找着玉质的灵性和天意，从中获得一丝灵感，一丝启示。所谓"相玉"就是把玉料的形态、质地、颜色、巧色、纹理、裂痕、斑点都要看透、看清。行话说得好"一相顶九工"，说明"相玉"的重要性。所以"相玉"是创意之源，而"相玉"的思维活动有三个层面即：形、色、意。而这三则也是相玉、设计、施艺等后继一切创作的基础。

一、形的启示

形的启示就是围绕玉料的自然之形，即玉料的体积、大小、性质、纹理、瑕疵等形态而展开的艺术想象，适合设计哪一类的产品，是器皿、人物、动物、花鸟或山子？玉料由于它的品种不同，因此有着不同的特征，如质地、纹理、皮色面积和深度，形态的圆润和俊俏等，这些料形的特质对于设计来说，看似是一种制约，而对于有创意的雕刻师来说，却把其看作是一个启示，灵感由此而来。设计要适应这些特点，顺其自然，充分显示玉料原本自身的特质语言，使创意融于自然的玉形之中。

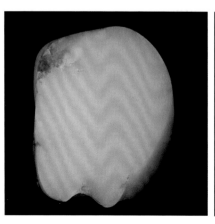 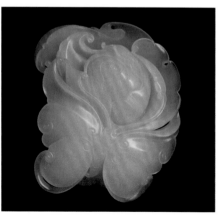

图 3-1-1 和田籽玉原料
长 7.5 厘米
宽 6.5 厘米
厚 1.2 厘米

图 3-1-2 蝶恋花玉雕成品
作者：赵丕成

· 作品将一片薄薄的玉料雕琢成一朵含苞绽放的牡丹和一只翩翩起舞的飞蝶。蝶的线形延伸到花朵之中，展开的花瓣似舞动的飞蝶。蝶如花，花似蝶的构想，艺术地表现了蝶恋花的造型。整个作品随玉片原有之形而作，构思奇妙，造型别致，富有创意，是一件别具匠心的玉雕作品。

二、色的联想

色的联想是在玉形的基础上又增加了色彩的运用，玉料的颜色丰富多彩，如翡翠中有绿、红、紫、黄等色；玛瑙有红、紫、蓝、绿、黄、白、黑等；岫岩玉的基本色是绿色，常常夹有红、黑、黄、白等色；和田玉中常含有糖红色、墨色、碧色等，而其中籽玉的皮色更为丰富，有枣皮红、秋梨黄、虎皮黄、洒金皮等皮色，为玉的俏色设计提供了自然条件，利用巧妙就能成就浑然天成、富有情趣的俏色佳作。

· 和田籽玉原料色泽润白，皮质上富有沁色，犹如笔意写出墨色枝干，又点染朱砂、藤黄，似冰肌玉骨上梅枝出俏。白玉的形和色呈现出一剪梅的画意，联想构成创意，再以玉女作为主体，配以流线化作发丝、衣纹、白云，如春风拂面，使玉女造型俊俏灵动，"一剪梅"在玉色的联想中脱石而出。

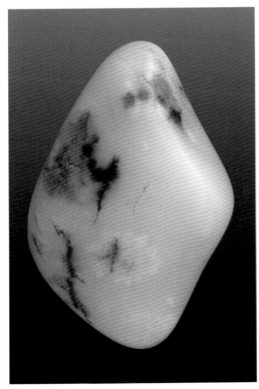

图 3-1-3 和田籽玉原料

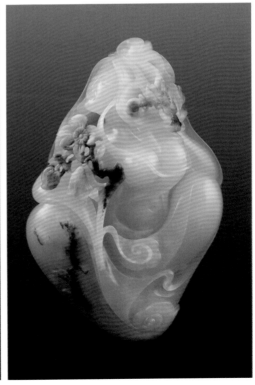

图 3-1-4 一剪梅玉雕成品

作者：赵丕成

三、意的感悟

意的感悟是玉器设计的最高境界，这种感悟来自玉的本质属性，包括形态、色彩和瑕疵，以及深层的不确定因素，同时还要依靠作者的艺术情感和艺术技巧，自然地把握这些特征。利用玉石自己的特征，去发现美、创造美和表现美，深层地揭示玉的本质美感，同时和创意密切吻合。可以在玉雕《水乡流韵》的设计构思中，去体会作者赋予玉器的"小桥流水人家"的乡情遐思。

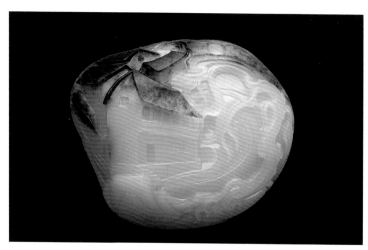

3-1-5 水乡流韵（正面）

·（正）在原始的和田籽玉形态上，黑白裂变之间，勾画出黑瓦、白墙，晕染出暮色、月影。推近的有苍劲柳树，拉远的有羞涩芭蕉。炊烟、流云纵升横流，潺潺的流水由平远至深远，远近对比中，交织成一幅和谐恬静、诗情画意的水墨乡情画面。

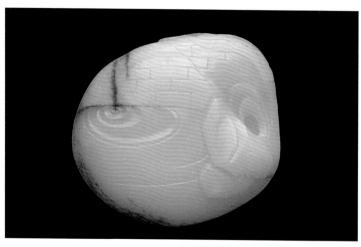

图 3-1-6 水乡流韵（反面）

作者：赵玉成

·（反）水乡一角，利用原有的竖的裂痕，表现老屋背后"屋漏痕"沁入砖墙之间，似见水珠滴滴下坠，河面（利用横的裂痕）泛起层层涟漪。在这一宁静的幽景之中我们似乎能听到水的滴答之声，顿悟简洁、质朴、清净的自然之美。幽幽景致，淡淡意蕴，浮想联翩，"能不忆江南"。

相玉的三个层面，从构思的意义来说，三者是一个递进的关系，从形态塑造进入到色泽提升，再转化为意的感悟，逐渐提升作品的形美、视感和玉意。但是三者的产生往往是同步的，这关乎于玉料本身的潜质是否具备这三项条件，以及琢玉者相玉过程中所产生的启示、联想以及与玉料产生共鸣。

第二节
因料设计　因材施艺

玉器设计是"因石而得形，因形而创意，因意而施艺"的过程。具体施艺时又有以下一些类型。

一、依势造型

依势造型在玉器设计中较为普遍，因为玉石是自然形成的，其形状各不相同，而有些玉料又经过了剥离杂质、僵块、裂纹等，形成奇异的形态。由于玉料珍贵，要尽量用足原料，不能浪费，因此，构思应从料形开始，进行依势造型。特殊的料形利用得好不仅不会限制作者的思路，有时反而成为一个有益的启示，从而产生一个构图别致、具有新意的构思。

图 3-2-1　珊瑚原料

图 3-2-2　珊瑚雕成品　扑蝶
设计：郑一辉　制作：郑一辉　魏忠仁

· 原料珊瑚呈枝杈状，作者充分利用其动感的原始姿态，构想成"扑蝶"这一情景。珊瑚粗高部分雕琢一仕女，体态轻盈、小步紧走、裙带飘拂，右手执扇高扬，作扑蝶状。横卧的折枝正好雕琢枝叶、花朵等，茂密而细腻。构图上使人物、景致、情节和珊瑚料形得到完美的融合。

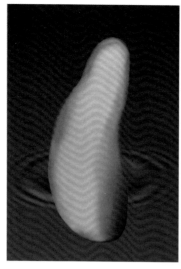

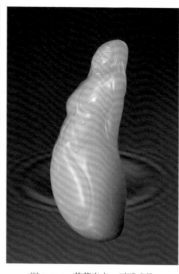

图 3-2-3　和田籽玉　　　　　图 3-2-4　芙蓉出水　玉雕成品

作者：赵丕成

·依势造型在当代白玉籽料的设计更是层出不穷。籽料的雕琢一般对料体的形状有所保留，特别是好的皮色更是不作大的改动，于是因料设计、适形赋意、简练雕作，以留住籽料原有的圆润、自然和柔和。静观这枚籽玉，隐约可见玉女的倩影，依势雕琢，简洁优雅的线形，勾勒出温润含蓄的玉女形象。

二、去裂藏裂

去裂藏裂是玉雕设计的常用手法，裂纹是玉料中最为普遍的毛病，因此，去裂、借裂、藏裂是琢玉常思考的问题。如果构思巧妙，运砣流畅，去掉或者利用裂纹都能够引起形形奇特和有趣的变化，如层层相叠的山石、树林、行云、流水，随风飘逸的衣褶风带，摇曳的花朵，形象之间的分割线、边缘线等。裂纹是千变万化的，琢玉要根据具体的情况细心察看，灵活把握。这一元素运用得好也能转化为玉器琢磨的特殊语言。

·一枚有裂痕的和田籽玉，借着裂痕雕琢展开的花瓣，呈现出含苞欲放的白玉牡丹。

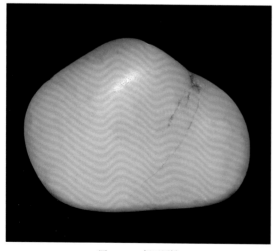

图 3-2-5　籽玉原料　　　　　图 3-2-6　白玉牡丹　玉雕成品

作者：赵丕成

三、俏色巧作

俏色巧作在玉器工艺中是一种独特的艺术形式，在玉器的琢磨经营之中有着较高的工艺价值和艺术价值。俏色也称巧色，特指在一块玉料中赋有两种以上的颜色。俏色作品最早出现于商代晚期，圆雕"俏色玉鳖"（图3-2-7），此作品巧妙地利用了玉料的色泽，头、颈、腹、四脚均为白色，而背部作黑色，形象逼真、生动，在以后的年代里俏色佳作也有出现。俏色设计贵在自然，琢磨中对于俏色边缘清晰度的把握需要斟酌，色与色之间既要有分别，又要关联，有时给俏色的边缘以一定的虚化，造成相对的"模糊"，以求趋于自然和真实，更有"俏"的趣味（图3-2-8）。

图3-2-7 俏色玉鳖 商晚期

图3-2-8 福寿如意 现代
作者：赵丕成

四、变瑕为瑜

真正完美无瑕的玉是非常少的，而大部分的玉料都存有瑕疵，如杂质、色斑、棉绺等，通过琢磨不仅要使观赏者对瑕疵"视而不见"，还要想方设法产生意想不到的艺术效果。

原本是一枚不被看好的籽玉（图3-2-9），皮色虽然有铁锈红色，但是，包裹着厚厚的灰色和黑斑。作者根据不同色泽、形状作出相应的处理，其籽料正面上方白色边上的灰色是不能雕琢的，下面的灰度将更深，只能加以利用。因此，将白灰玉色雕琢成了一轮圆月，似流云飘绕，月色朦胧。下面表象下的玉质纯净、清丽，被雕琢成圣洁莹透的莲花，脱尽了"污泥浊水"亭亭玉立，一尘不染。再将籽料斑驳

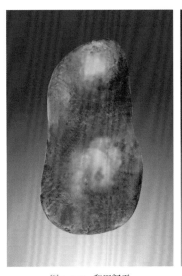

图3-2-9 和田籽玉

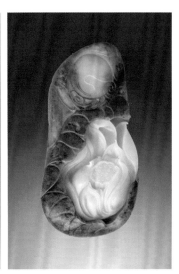

图3-2-10 秋荷月影 玉雕成品
作者：赵丕成

的大片铁锈红皮色雕琢成荷叶。于是"秋荷月影"秋意正浓，在有意与无意之间，有超然和自然之间，清水出芙蓉般脱石而出。

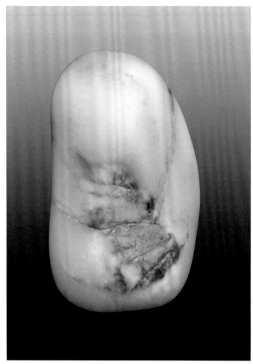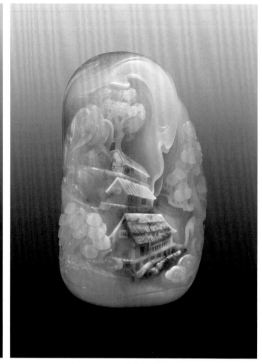

图 3-2-11　和田籽玉　　　　　　　　　图 3-2-12　一缕炊烟绕山涧　玉雕成品
　　　　　　　　　　　　　　　　　　　　　　　　　作者：赵丕成

·原料是一枚裂痕纵横，瑕疵斑斑的籽玉。首先是顺着一道竖的裂痕去雕琢，恰到好处地"借裂"去化作一缕炊烟，徐徐升腾，绕山而行，不仅静中有动，并且点明了作品的主题；接着顺横向裂痕雕琢一条小路，伸向远方；而下半部分石性杂质勾画出草屋和瓦房，层层推进；再配以苍劲的松树，飘绕的杨柳和挺立的樟树，渲染山色；在方寸之中描绘出幽幽山涧，意境深远，回味无穷。

五、小料大作

由于玉料比较珍贵，玉工总是想方设法把有限的玉料设计成看上去比原料还要大的作品，由此形成了"小料大作"的设计效果，这样不但扩大了作品的视觉效果，而且提升了经济价值。

仿古链条瓶设计图中（图 3-2-13），原玉料尺寸是高 17 厘米、宽 12 厘米、厚 6 厘米，作者设计了一件仿古链条瓶，用 1 厘米厚的玉料雕出链条，4.5 厘米厚的玉料作瓶身，这样链条往上翻就在视觉空间上使原料"大"了一倍。在玉雕设计中，通过拉链条的方法来改变料形，扩大视觉空间的实例有很多。图 3-2-14 也是通过雕琢链条的方式将黄色料体分成两块，再各雕成上下两只螃蟹，构成互应关系，同时扩大了视觉空间。

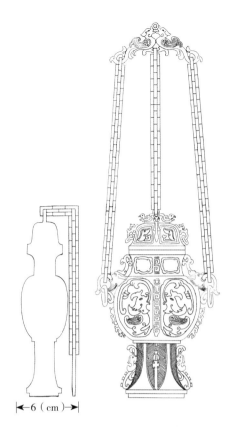

|←— 6（cm）—→|

图 3-2-13　仿古链条瓶设计图

图 3-2-14　蟹篓　岫岩玉

六、套料取材

　　"套料取材"是玉器器皿制作的传统技艺，普遍运用于炉、熏、鼎的圆形器物的制作。制作中用砂钻（铁皮的筒状工具）在正身腔体内打转，分割出圆柱状的玉料，掏出盖料，然后在盖料里再套出底盘或顶蒂（一个比一个小）。这种套料取材的方法最适用于大块的优质玉料，它能最大限度地将玉料用尽，把作品做得高大完美。这幅老虎石熏炉设计图（图 3-2-15）中，采用层层分离、节节相叠的套料方法，将玉料用尽，并"扩大"了玉料的体积，使作品获得整体、庄重、大气的艺术效果。（成品玉雕见 35 页图 2-1-28）

图 3-2-15　套料取材熏炉设计示意图稿

七、补空借料

"布空借料"一般在依势造型的基础上根据设计构思的需要而进行，这种方法就是从主体玉料上取出一小部分料体并用链条连接，垂挂于一定的位置，来补料形之缺或满足构图的需求。图3-2-16是一段红珊瑚的设计图稿，美中不足的是右上方显得太空，有失重心。作者经过巧妙构思，在主干上方借用了一些料，雕琢了一小串精致玲珑的链子，并在其顶端安一枚铜钱垂挂而下。这样，不仅弥补了构图上的空缺，而且巧妙地点明了主题。"仕女过海"（图3-2-17）是一件非常精美的珊瑚雕，采用同样的方法，从上方借用一小块珊瑚通过一段链条垂挂而下，不仅补充了构图上的不足，同时使作品更具有灵气。

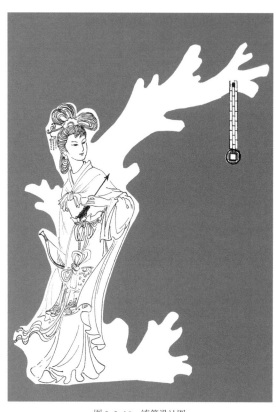 

图 3-2-16 练箭设计图　　　　图 3-2-17 珊瑚雕 仕女过海

上海玉石雕刻厂设计制作

八、破形施艺

"破形施艺"与前面的"依势造型"是两种不同的用料方式。依势造型的前提是原料的形态本身具有美感，而破形施艺是打破、脱离原来比较规则的料形。因为许多玉料都是由大块玉料通过切割形成的小块长方体、正方体等，而我们要雕琢出自然形态的作品，往往只有通过破形，才能使原来的玉料产生一定的曲折、开合，变得有姿态、有韵律。

处理方式是对料体的摆放角度进行调整，如斩去下方一角，使料体有一定的倾斜，再破去平面和直线。总之要改变规则的原有外形，不需要制作完工后，还留有原料的影子。为了使主题和作品造型更加鲜明、生动、优美，对那些不太理想的料形进行破形，使料形有了新的气势与姿态，使作品更加完美（图 3-2-18、3-2-19）。

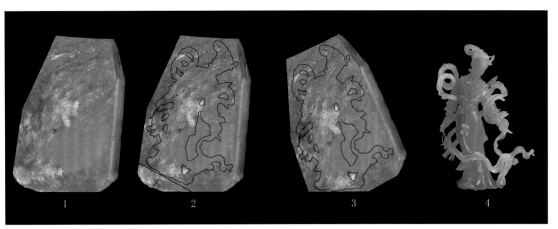

图 3-2-18　破形施艺示意图 1

图 3-2-19　破形施艺示意图 2

春燕归来

作者：赵丕成

第四章
玉实例·典型玉器

玉器的形式美感得益于创作者的艺术底蕴和砣轮下的随机把握；

玉器的创作灵感来源于玉质的美感和琢玉者对美的领悟；

玉器的工艺美感依赖于娴熟、精湛的技艺和恰如其分的表达；

琢玉之美即是自然和工巧的融和之美。

第一节
玉佩 天地灵气

佩戴玉饰作为装饰或护身符的习俗自古有之。历代玉工把生活中常见的天地事物、传说想象中的形象用玉石来表现，并赋予一丝情缘、一种企盼、一个祝福……无限情怀融于美玉的方寸之中。因此，玉佩形制虽小，但浓缩的文化内涵和技艺含量在玉器琢磨中有着典型的意义。

一、玉佩造型特点

玉佩的器型较小，在功能上一般作为佩戴、装饰之用，如项饰、服饰以及腰带配饰，题材广泛。佩的造型样式从历代与现代的作品中可分为两大类，一类为随形平面式，其布纹一般随料形在正反两面以浮雕的纹饰赋予玉意；另一类为卵形式，即籽料形态，一般较为立体，以圆雕、浮雕的形式赋予图纹玉意，这两类玉佩的雕刻根据造型的需要又融入透雕、薄意、线刻等，达到既整体又玲珑剔透的效果。

二、玉佩题材与玉意

"琢磨呈吉祥，才能合人意"，这"吉祥"便是我们民族特有的民俗民风和审美心理，如对生命的礼赞、对邪恶的抗争、对理想的追求、对美好生活的向往。由此形成了浩瀚而丰富多彩的吉祥"玉意"，根据不同玉意大致可分为：

圆满喜庆：有鸳鸯戏水、百年和好、喜鹊登梅、吉庆有余、五谷丰登、金玉满堂、竹报平安等（图4-1-1）。

繁衍不息：有榴开百子、麒麟送子、早生贵子、瓜瓞绵绵、生生不息等（图4-1-2）。

祝福祈祥：有福寿如意、连年有余、福如东海、万象更新、年年大吉、风调雨顺等（图4-1-3～4-1-5）。

驱灾避邪：有如来佛、罗汉、观音、神女；天禄避邪、青龙白虎、龙凤呈祥等（图4-1-6）。

图 4-1-1　籽玉　金玉满堂　宝玉丰藏

图 4-1-2　白玉万代佩　清代

图 4-1-3　太平有象佩　清中期

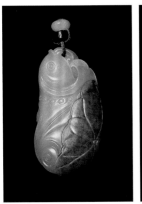

图 4-1-4　连年有余　和田玉
作者：赵丕成

图 4-1-5　如意赐福　和田籽玉
作者：赵丕成

图 4-1-6　龙凤呈祥　和田籽玉
作者：赵丕成

三、玉佩设计与工艺实例

1. 玉料选择与整形

制作玉佩的玉料一般都比较小，尽可能地不要有瑕疵，料形要饱满完整，可带有平扁状，主要材质可选翡翠、白玉、碧玉、玛瑙、绿松石等，无论是什么材质，都要色泽均匀、质感温润、光彩亮丽，带有俏色、皮色更有良好的视觉效果。

多数玉料的料形是不够完美的，尤其是去掉瑕疵的料形，这就需要"整形"使其具有姿态美感，如是完美的原籽玉料就不需要整形这个环节。"整形"看似手艺活，其实包含作者对玉形审美的要求，是玉佩最初的设计。

2. 依势造型与俏色巧用

玉佩造型还是比较自由的，对于形态和颜色的运用有相对的随意性，可以将整形好的玉料整体、仔细的参看，将意象中的自然物象赋予玉料之中。玉石中的丰富色彩为玉雕的俏色设计提供了自然条件，利用巧妙就能够做成浑然天成的俏色玉佩。

3. 整体造型与雕刻形式

由于玉佩造型多样，有片状的、有立体的，又有自然形态的，在雕刻形式上，有圆雕、浮雕、透雕、镂雕、薄意、线刻工艺的出现，我们要整体的把握玉佩的整体造型，在具体的琢磨中，要根据样式和造型的要求，相应的选择二至三种的雕刻形式。

4. 参照图纹与勾画造型

有了一块理想的玉料以后，不要急于雕琢，资料的参考是很重要的。去寻找玉佩图形，特别是古代玉佩图片，它们既有图形和寓意，又有立体感和良好的技巧表现，便于我们的学习、设计和制作。

当玉料磨好以后，将图纹立体地勾画在玉料上，包括正面和反面，注意前后上下之间的关联。这样的勾画是根据料形而展开的，同时，勾画是随着制作的深入而不断地反复进行的，勾画由整体到局部，由粗略至细部。

5. 大体出坯与形体粗磨

由于玉佩形体较小，出坯一般使用压砣、喇叭、球形等工具（可根据个人使用工具的习惯而定），从玉佩的图纹整体入手，不要被局部和细小的纹饰所左右，而是大胆的琢磨出形象的大体造型，是指形象的主要结构关系，高低起伏，一般可呈块面的造型，可以没有细部描写。

形体粗磨是进一步确定形象的结构关系和形象姿态，琢磨局部造型，确定细部的大体位置和造型，在工具的使用上会增加品种，如大小扎眼、大小蛋形、大小尖橄榄等，其间学会不同工具的使用。由于玉佩形状较小，在大体出坯与形体粗磨的工艺上不一定分得很清楚，在工具选择上由作者根据自己的使用习惯而定，只要能够琢磨出大体造型即可。

6. 精雕细琢与打磨抛光

精雕细琢是琢玉的重要环节，是最后出彩的工艺，是玉器审美的主要看点，这就需要作者整体的把握，局部的深入，细致的雕琢出整体和局部的形象，同时对工具的使用和技巧的表现有着较高的要求。

 金佛手玉佩

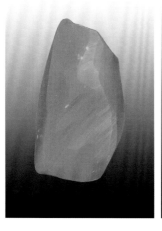

图 4-1-7 原始玉料
这是一枚缃黄玉料，长 4.6 厘米、宽 2.5 厘米、厚 2 厘米。

图 4-1-8 整形与构思
整形后的玉料形态润泽饱满。根据这块缃黄的造型与颜色，雕琢一枚大家喜闻乐见的佛手颇为合适。

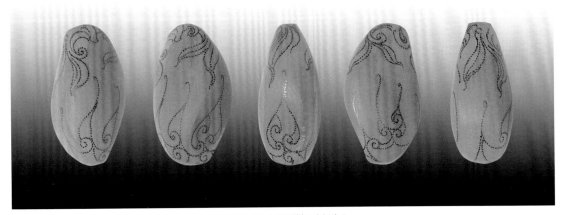

图 4-1-9　勾画图样（全视角）

雕琢工艺采用圆雕与镂雕相结合的形式，可使佛手既圆润饱满又玲珑精致，先将佛手图形立体地勾画在玉料之上。

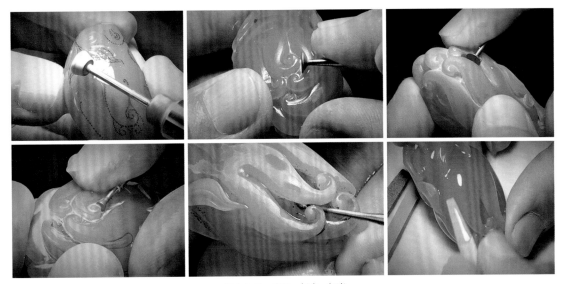

图 4-1-10　出坯、粗磨、打磨

使用不同形状、大小的工具，如压砣、喇叭、轧眼、橄榄、蛋形、尖针等进行出坯、粗磨、精雕、打磨。

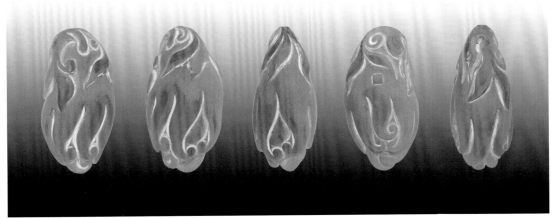

图 4-1-11　出坯与粗磨后多视角呈现

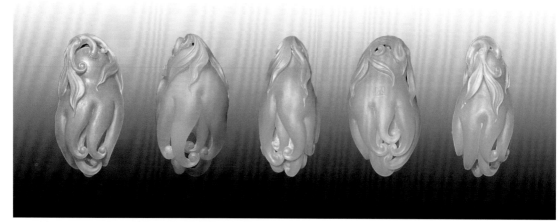

图 4-1-12
精雕细琢后多视角呈现

图 4-1-13 金佛手
金佛手抛光后正反两面最后效果。

雕琢注意事项：

第一、佛手外形要饱满而俊俏，可通过整形来进行调整。

第二、在雕琢细部时不能过于纤细，以免失去玉质感，尤其是透度好的玉质。

第三、在透雕内部时尽可能使用圆润工具，以减少制作与打磨难度。

例二 四季如意玉佩

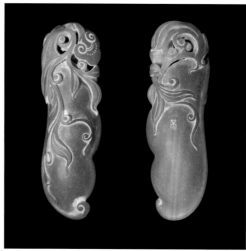

图 4-1-14 图纹勾画
这是一小块析木玉边角料，长 6.8 厘米、宽 2.2 厘米、厚 1 厘米，据料形，可设计一个四季豆，再加以灵芝、叶片、蔓藤装饰，并把图形画于玉料之上。

图 4-1-15 精雕细琢
通过圆雕、透雕、浮雕，显现出四季豆的实体效果，以及玲珑剔透的精美。

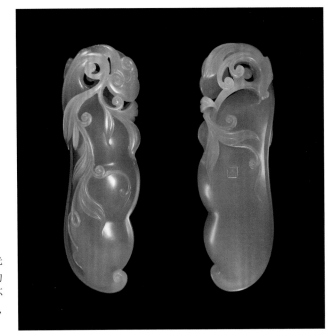

图 4-1-16　打磨抛光

通过打磨抛光，显出绿油油的
玉质光泽，一枚小小的玉佩不
仅蕴含着"四季如意"的美好，
更是透出一丝田园清风。

雕琢注意事项：

第一、注重四季豆豆形的饱满圆润。

第二、主体上的布局讲究疏密对比。

第三、雕琢施艺精到，砣工清晰流畅。

例 三　写意玉凤

图 4-1-17　和田籽玉

一枚和田原籽，玉质细糯白润，红皮
渐变成洒金皮相融在白云之间。

图 4-1-18　写意玉凤

以简练的笔法勾画了凤鸟的造型，着
重头部刻画，翅膀、尾羽以线带出，
形象简约，凤凰在金色的阳光中腾云
而出。

雕琢注意事项：

　　当代赏玉追求"红皮白肉"，玉的质与色成了审美的重要标准，在此，充分利用红皮的自然
疏密分布运用国画"写意"的手法，使玉凤造型似朱砂笔意，洋洋洒洒、飘逸灵动，是琢玉的
高阶境界。

第二节
玉牌 金石书画

玉牌在功能上以佩戴、把件为主，尺寸较大的可作为装饰摆件，题材广泛。玉牌形制早在新石器时代已有出现，在以后年代中也有雕琢。至明代中晚期，琢玉名家陆子冈创立了长方形，宽厚敦实的牌子造型，并将绘画、书法、印章艺术融入玉牌之中，富有画意与金石气，深受士大夫与文人雅士的喜爱。由此玉牌从玉佩形式中脱颖而出，形成了新的独立的样式，此后玉工多有学习、模仿，至今玉牌依然受到人们的喜爱与追捧。

一、玉牌造型特点

1. 外观造型

玉牌一般较为对称、工整，以长方形为多，在此基础上也可根据玉料大小、形状进行变化，有圆形、椭圆形、梯形等，有平面和抛面的形制，也有不对称的装饰，使玉牌在静态之中有灵动之美。有的玉牌还在主体上部雕饰牌头，有着装饰效果和穿绳的功能。

2. 书画气质

玉牌常常将山水、花鸟、人物、走兽等图纹入玉，构图布纹吸收中国画之画理，虽用琢玉工具碾出，但不失笔墨画意，而另一面雕刻诗文，犹如书法名家书写其上。

3. 浮雕为主，形式多样

玉牌雕琢总体上以浮雕形式为主，多作剔地阳纹工艺，高超的琢玉技艺，以浅浮雕的形式将书画图文表现得尽善尽美。当代玉牌在浮雕的基础上，又根据设计的要求将圆雕、镂雕、薄意、阳文、阴刻等手法融入其中，丰富了玉牌的形制与雕刻形式。（图 4-2-1 ~ 图 4-2-4）

图 4-2-1　玉牌　春秋

图 4-2-2　白玉　万寿无疆诗文牌　清代

图 4-2-3　白玉　虎溪三笑图玉牌　清初

图 4-2-4　白玉　梅花诗文牌　清中期

二、玉牌题材与构图

　　玉牌题材有山水牌、人物牌、花鸟牌等，都会有构图、配景、透视、留白等安排处理。在玉雕中浮雕越薄绘画性越强，玉牌图稿基本上是依照白描技法的构图方式和图案构成原理为造型方法。

1. 山水玉牌

　　山水玉牌构图形式多样有曲线构图、对角构图、平构图、交错构图、自由式构图等，其中前三种构图方式比较常用。实际操作中可灵活变通。曲线构图是属传统经典性构图，在视觉上给观者一种柔和迂回、协调灵动、流畅优雅的节奏感和韵律感。对角构图是将山体树木置于对角布局，使画面产生大疏大密之气韵，具有强烈的纵深感。平构图是将分组的物象进行水平的横向或竖向排列。这种构图给人以稳定平整、静谧灵秀之感，但要注意物象的疏密变化，不要等距排列，避免单调感。（图4-2-5）

中国画采用散点透视，画中的形象可以根据作者及画面需要任意安排，打破了时间与空间的局限性，使构图更加灵活自由。

中国画的精妙之笔，在国画构图中讲究"布白"，又称"计白当黑"。对白的认识是一种对画面虚实关系的奇妙处理，是画面构成的重要部分，也是中国画重要的审美之一。同样玉牌中留白、布空、不雕、少雕有其特有的精妙之处。

图4-2-5　山水构图

2. 花鸟玉牌

花鸟构图与山水构图的原理是相通的，构图的形式也是多样，但在相同的大小画幅中山水画景色气韵比较远大，而花鸟画一般为近景，画面中的物象较为具象，在构图上有简约和饱满之分。（图4-2-6）

简约构图一般是用单纯的形象，简单的线条可以达到气韵饱满的效果，在此要强调线条的运用，讲究画面的出枝与趋向。

饱满构图画面内容形象较多，勾画上注意前后层次，把握好主次、疏密、虚实关系，使画面繁而不乱，疏密有致。

图4-2-6　花鸟构图

3. 人物玉牌

人物玉牌在构图处理上相对比较容易，如佛教类题材，佛像一般在画面中间，显得庄重、宁静，其他可根据立意将人物与景物进行高低错落、虚实映衬、对角呼应等构图方式。人物玉牌还在于注重人物的神韵表现，关键是抓住人物的静态特征、动态表现，加以衣纹的虚实变化等。（图4-2-7）

在海派玉雕玉牌中不仅有传统题材，更有

图4-2-7　人物构图

创新的设计，不仅采用传统的手法进行构图画稿，同时将平面设计的构图运用到玉牌之中，使玉牌风格有了时代感。（图 4-2-8 ~ 4-2-11）

图 4-2-8　佛像

图 4-2-9　观音

图 4-2-10　唐风

图 4-2-11　虎牌

三、玉牌设计与工艺

1. 精选玉料

玉牌对于玉的品质要求极高，无论是白玉、翡翠、南红、绿松等都是选择玉料中的上品，和田籽玉是首选，在色泽、纯度、油润度、密度上有较高的要求，而且对于瑕疵要清理干净，高质量的玉料不仅在视觉上、手感上有着良好的效果，更是在雕琢中能得心应手，精美的表现玉牌中的形象。

2. 切割牌形

玉牌的切割多以长方形为主要形制，一般以长 4 厘米、宽 6 厘米、厚 0.8 厘米为标准款型，由于受到玉料的限制，如裂痕、绵质、杂色等，也可作圆形和椭圆形等形式。实际操作中依据原料大小进行切割，或为了保持玉料的体量，不切割，进行随形设计，称为"随形牌"，设计随意，生动自然。

3. 设计画稿

参见玉牌题材与构图。

4. 粗坯出形

粗坯出形要把握好三个关键工艺：

其一，是要把握物象的外轮廓造型。根据玉料的画稿，使用压砣、蛋形、球形、喇叭等工具进行初形雕琢，锐形工具出形比较硬朗，具有块面感，虚实有度；圆形工具出形较为柔和，富有层次感，虚中有实，两者出形各有特点，也可交替运用。物象外轮廓初形琢磨，不是一步到位的，要让线出形，可根据画稿要为精雕细琢留有一定的余量。

其二，推磨出高、中、低的层次。不同层面的错落起伏，要在几毫米内实施雕琢，是玉牌相对其他形制的玉器来说难度要大，因此，作者要对画面的主体造型及细部造型有一个充分的了解，做到胸有成竹，方能层层剥离，起伏渐进，在整体的玉牌中琢磨出微妙而丰富的层次。

其三，剔地雕另有一功。运用喇叭、扎眼的平面，用平磨、顶磨等方法将突起物象以外部位铲平磨平，底地必须平坦完整，不同大小的平面之间要保持在一个水平面，浮雕仿如浮在镜面上一样，且物象轮廓线砣工清晰，这就是剔地雕的高妙技巧。

5. 精雕细工

玉牌的平面雕琢就像镜面一样没有一丝一毫的砣痕，弧面光滑柔顺，没有细微的棱面；线的表现，无论是形象的整体轮廓还是细小的局部末梢，线条勾勒丝丝入扣；黄豆大小的开相也能看到其细微的脸部刻画，按其一定的比例都能刻画出手指的姿态与指甲；细微的层次交织依然分出近景、中景、远景。精雕细作更使玉雕有味、耐看，显玉牌琢磨之功力。

6. 施艺要求

玉牌题材丰富，款式多样，体现出深厚的绘画功底和精美的琢磨技巧。作品线条精美和层次丰富，不论是直线、弧线，皆显出挺劲之势，雕琢技艺，干净利落。浮雕层次掌控极精微，高低之差丝毫之间。由于其对于人物、动物、花鸟、山水等画面的处理和形体结构的精准，使作品呈现出温厚、精美、柔雅的画意。

 春燕归来

图 4-2-12　勾图

这是一枚和田籽玉可作随形玉牌摆件，设计画稿充分用足玉料，不作常规的对称、规则的造型。整体是月洞门的墙面，左侧为太湖石与芭蕉树，右侧为蔓藤，上端的弧面利用皮色作瓦的上沿，中间的月洞门有一只燕子飞出，与上右的燕子遥相呼应。

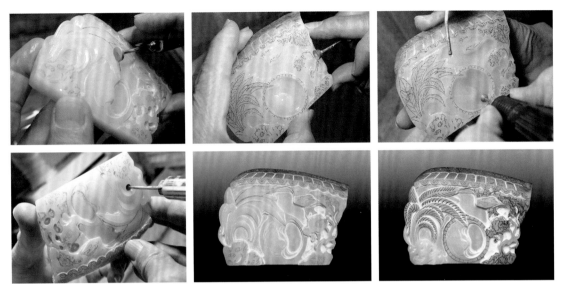

图 4-2-13 粗胚出形

先把握物象的外轮廓造型、再推磨出高、中、低的层次、剔地雕更有一功。

图 4-2-14 精雕细琢

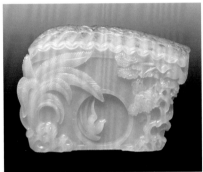

图 4-2-15 打磨抛光

打磨抛光后"春燕归来"呈现了典型的江南小园一景。舞动的飞燕,仿佛听到叽叽喳喳的燕子叫声,打破了宁静的小院幽径。那景致别有一番深意:燕子恋人,也恋家,每到春天,燕子必定会跋山涉水,继续回到筑了巢的那一家。此玉雕体量虽小,雕刻精美,景中有景,传递出浓浓的乡情韵味。

 关公

作者:杨子锐

图 4-2-16 相玉

这是一块翡翠料,整体呈藤黄色,其内青白色,根据俏色,巧作关公玉牌,上端多余小玉作珠形装饰,其上为饕餮纹。

图 4-2-17 正面

玉牌正面构思独特,用料巧妙,通过层层剥离,精心雕琢,关公形象渐渐显现,英武之气充满玉牌,雕工精湛,巧色处理分合得体。

图 4-2-18 反面

玉牌反面是满底的云朵,一片祥瑞之意。

例三　丹凤朝阳

图 4-2-19　相玉

这块满红皮的玉牌，去掉顶端僵白与裂痕形成了方中带圆的牌形。

图 4-2-20　粗磨

上方的金黄色设计为太阳，再用凤鸟纹饰布满整个画面。

图 4-2-21　细琢

造型用舞动的线条组成，线韵在疏密的卷云纹中呈现展翅飞翔的凤鸟。

图 4-2-22　丹凤朝阳

气韵生动，富有张力，仿佛突破边线飞向更为广阔的空间。

例四　冰润溢香

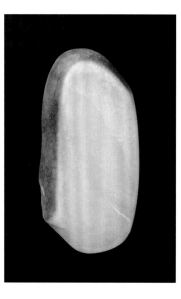

图 4-2-23　相玉

这是一件带皮色的随形玉牌，根据籽玉的品相构思为：羊脂玉，化作成冰雪严寒；皮金黄，出枝俏暗香送暖；白玉细磨，温润中显冰肌傲骨。

图 4-2-24　冰润溢香

成品有"风雨送春归，飞雪迎春到。已是悬崖百丈冰，犹有花枝俏"的意境。

　　玉牌设计绘画性强，雕琢以浮雕为主，施艺高超，方寸之间创意无限，功能根据形制大小，可佩戴、把玩、观赏，简约器形，玩味十足。

第三节
动物玉器 神的想象

瑞兽与生肖玉雕是我国玉雕文化中极有魅力的组成部分。动物玉器造型神形兼备、生动健美，并被赋予艺术的夸张和想象，有着东方动物造型特有的精、气、神。

一、古代动物玉器参考

商周、春秋战国时期动物造型多见于平扁状，纹饰繁密，有着神秘的色彩。圆雕动物玉器在汉代已较为普遍，造型敦厚、雄健、威猛，赋辟邪消灾之意。唐代圆雕动物玉器继承六朝动物雕塑遗风，但表现的都是马、狗一类现实生活常见的动物，造型结实浑然。宋代动物玉雕失去了刚健强壮的姿态，而线条流畅、形象逼真之神韵，体现了写实主义的风格。明代在动物玉雕造型上既有写实风格，也有汉代的遗风，形成了因材施艺，雕琢简明的风格。清代的玉工有着非凡的雕琢技艺，出现了繁复精湛的工艺，留存不少优秀的作品（图 4-3-1 ~ 4-3-11）。

图 4-3-1 虎形玉佩 春秋

图 4-3-2 器物玉柄饰 战国

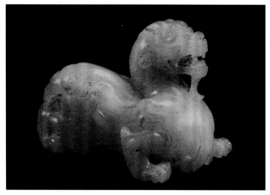

图 4-3-3　玉辟邪　西汉

图 4-3-4　青玉异兽　汉

图 4-3-5　白玉卧狗　宋代

图 4-3-6　白玉双兽　宋代

图 4-3-7　太狮少狮形摆件　明代

图 4-3-8　玉卧羊　明代

图 4-3-9　白玉马猴　清代

图 4-3-10　青玉鸟兽双瑞　清代

图 4-3-11　玉三羊　清代

二、瑞兽玉器的造型要点

从古代动物玉雕中我们可以学习依势造型、变形夸张，以形写神等的造型方法，具体细化瑞兽玉器的造型特点有：

1. 整体饱满与力度健美

瑞兽玉器无论是把件还是摆件，一般有完整的整体造型，稳重端庄、气韵凝聚的势态，这样瑞兽才能显得威武、稳健而有气势。整体饱满要有力度与美感来支撑，这就需要把握好动物的外形特征与大体结构，以及动态规律与肌肉分布、走势，表现出动物的动向之感与健美的体型。

2. 弓缩与伸展

在玉雕动物的塑造中要注重脊椎的弓缩与伸展，这条主线关乎于动物的动态与力度，脊椎的缩伸、扭曲，牵动动物的头部、四肢、尾部。尤其是龙的造型，在脊椎张弛有度，缩伸自如的动感中表现飞龙在天的气势。

3. 神态与气韵

玉雕动物造型不像西方雕塑那样追求造型的逼真，而是着力表现动感、姿态，通过特殊的艺术表现，重点刻画动物主要的特征及肢体表现，使动物能够达到活灵活现的程度，并显现出瑞兽造型的感染力与生命力，达到气韵生动的艺术效果。

三、瑞兽把件设计与工艺实例

动物玉器主要形式是把件和摆件。把件，又称"把玩件""手玩件"，是古玩的术语，指能握在手里把玩、欣赏的雕件。玉把件是赏玉人爱玉崇玉的一种表现，玉在手中玩赏、摩挲，通过与肌肤的接触，愈发滋润。"盘"的时间越久，手感越是糯滑柔顺、细腻润泽。玉雕把玩件时下也是人们追捧的器型之一。

1. 浑然圆润

根据手把件的造型要求，首先对于材料的选择应该是团块状的，比较整体、圆润，如是不太理想的玉料首先要进行"整形与调形"，努力使玉形更符合手把件把玩的功能，使外形极为浑然、饱满、流畅。

2. 夸张变形

手把件由于受到玉料外形的制约，瑞兽肢体不能太伸张，又要使瑞兽形象生动，具有灵性，那"夸张变形"就尤为重要。所以设计要发挥艺术想象，大胆变形，也就是对特定形象进行再创造，即顺着料形对动物形象的特征进行拉长或压扁，变方或变圆，膨胀和缩小等特殊的处理方法。

3. 线形简约

手把件玉器需要通过视觉和触觉能够真切感受玉的温润质感和形态美意，因此，概括、精炼的线形显得尤为重要。既要使瑞兽造型具有视觉美感，又要使其处于"浑然圆润"的状态，最大程度地体现出玉性温润柔和的美感和细腻糯滑的手感。

 龙腾水云间

图 4-3-12 相玉
一枚和田籽玉，赋予龙的图纹。玉料白糯润泽，手感圆润，下方有青褐色，把其分成两端，大的作蚌体，小的作龙珠，云龙布满玉料之上。

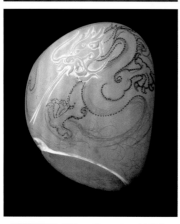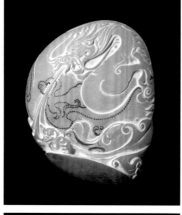

图 4-3-13 出坯 1
雕琢从龙头开始，由于是浮雕，施艺也可一步到位，顺着龙身往下雕琢，整体把控，局部深入。

图 4-3-14 出坯 2
雕琢注意上下关连，前后层次；雕琢龙吐水，由细渐粗，要有一定的长度与力度，然而水花溅起，托起龙珠；再勾画龙的前腿后层，中间一线随着水流，顺着龙身又连着云纹；后腿渐出，与江河之水融为一体。

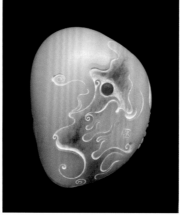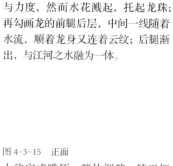

图 4-3-15 正面
大致完成雕琢，整体调整，精工细作，表现出龙的生气勃勃，飞腾于云水之间。

图 4-3-16 反面
背面顺着青烟色浅刻火焰、火球、云纹，气韵萦绕籽玉，与整体融为一体。

例二　玉狐衔灵芝

图4-3-17　相玉勾画

这是一块翡翠玉料，根据大小与造型适合做手把件，根据造型确定勾画狐狸与灵芝造型，并施以浮雕工艺。

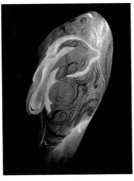

图4-3-18　粗形出坯1

出坯基本用压砣工具，以肯定的砣工琢磨出动物的造型。

图4-3-19　粗形出坯2

运砣线韵流畅、优雅，讲究砣工的味道。

图4-3-20　精雕细琢

在精雕细琢中再使用大小不同的喇叭、轧眼、蛋形、橄榄等工具完成"玉狐衔灵芝"的"了手"工艺。

例三　掌上瑞兽

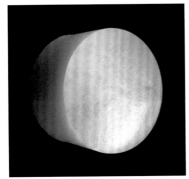

图4-3-21　白玉镯心

这是一块白玉镯心玉料，圆润、敦厚，根据形状与大小非常适合做手把件，充分利用玉料。

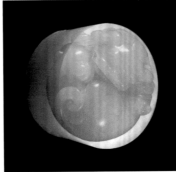

图4-3-22　瑞兽意象

在料形的启发下，构思一只圆润饱满的瑞兽。

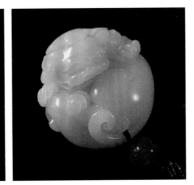

图4-3-23　掌心瑞兽

画稿、出坯、磨制、精心雕琢，一只饱满、灵动的瑞兽脱石而出，并通过穿绳装饰，置于掌心盘玩，越发玉的润泽，瑞兽的可爱与灵性。

四、瑞兽摆件设计与工艺实例

　　把件造型讲究整体圆润，便于把玩，而摆件造型的创作空间自由、随意，可以充分表现出动物的健硕迅猛、机警敏捷、灵动可爱的姿态，更能体现各种动物的神韵和动态美感。

例一 **圆雕辟邪**

图 4-3-24　准备玉料，因料设计

这是一块长方形的析木玉，在去掉石皮、杂质、僵白，因料设计圆雕辟邪；将辟邪外形画之玉料之上。

图 4-3-25　斩砣出坯

斩砣出坯一般是直线块面法，出坯时要整体入手，不要被次要、细小的形象所束缚，要大胆、明确地斩出瑞兽的大体造型，其中包括作品的重心、动态、趋势等。

中国玉器设计与工艺图解·跟着海派玉雕大师学技艺

图 4-3-26　块体成形

然后再用小錾砣进行局部的出坯，使瑞兽的头部、身体、四肢的造型、位置、姿态以及相互之间的关系得到肯定。出坯所展现的全部是大大小小的块体造型，没有细节部分，同时为后期琢磨留有一定余地。

图 4-3-27　整体造型

采用压砣、喇叭、杠棒、扎砣等工具对瑞兽造型实施全部的碾磨、调整、肯定，使具体形象得到进一步的明确和细化，把多余的玉料磨去，为最后的精工细作打下了基础。

图 4-3-28　形体琢磨

形体琢磨之关键在于作者对整体造型和细节部位、结构以及它们之间的联系有一个充分的了解，能以不同的琢磨工具去表达相应的具体形象。磨出从头的颈部至尾部一条优美、流畅、力度的主线（脊椎线），再逐一在雕琢出饱满的额头、凸显的眉骨、圆突的眼珠、圆润的宽鼻、微张露牙的大嘴，以及四肢的动态。

图 4-3-29　精心勾绘　细砂了手

在瑞兽整体与各部得到肯定以后，要做一次精心的勾绘，包括头部、腿、爪及表面的纹饰。在琢玉工艺中精雕细琢俗称"细砂了手"，瑞兽表面纹饰雕琢称为"了面"，这是琢磨的最后阶段。"了手"是细活，琢磨要根据瑞兽不同的部位选择合适的砣轮，对眼、鼻、口等重点部分的刻画要细致入微，对局部雕琢要丝丝入扣，同时对结构部分的雕琢运砣肯定，刀迹清爽，线感优美，不仅表现出娴熟的运砣刀法，更要使瑞兽在艺术造型上气韵饱满，在视觉感受上有精美、浑然、灵动之感。

图 4-3-30　打磨抛光　温润光彩

分别使用 240 号、400 号、800 号油石打磨，经过这道工艺，既要去掉瑞兽的糙面，使表面光滑细腻。可再使用轮刷抛光，再使用轮刷抛其没有抛到的部分，柔和整体光感。最后上蜡，为辟邪增添温润的光彩。

　高浮雕螭龙镇纸

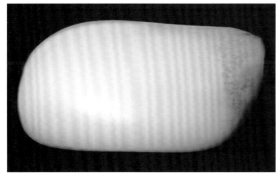

图 4-3-31　相玉

这是一块和田白玉，除了左方有些斑点杂质，其他部分还是完好无损。

图 4-3-32　勾图

切掉杂质后料形比较整体，根据大小符合作镇纸的料形，并勾绘螭龙于玉上。

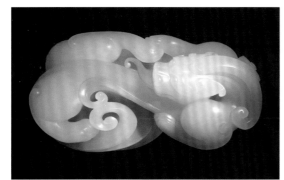

图 4-3-33　螭龙

由于镇纸的功能特点，螭龙采用高浮雕的造型，尽可能地保持玉料的分量，又有立体的效果，同时对螭龙的塑造夸张变体，呈现出圆润、饱满、敦实的效果，使器形大小拿捏合适，手感温润，既可把玩又有实用的功能。

第四节
花鸟玉器 天趣祥和

鸟语花香，自然天趣，倾心于自然是我们民族特有的审美观念，用美玉去雕琢这些题材，不仅揭示了玉的自然之美，同时在花鸟玉器中赋予了美好的吉祥玉意。

一、花鸟玉器的造型特点

花鸟造型相对动物玉雕来说要复杂，尤其在立体雕琢中形象间的结构关系重叠穿插，空间形态显得更为复杂，因此在工艺造型上有进一步的要求。

1. 强调特征

无论是鸟类、鱼虾、花朵、树木，在玉雕中形象不会较大，因此强调其形象特征是非常重要的，使雕琢形象一目了然。在海派玉雕行业中也有形象塑造的经典口诀：如"游龙松、散发柳、铁杆梅"（花鸟），"将军无脖项，仕女少肩膀，十指尖尖如春笋"（人物），非常生动地表现了物象的特征。强调特征不仅是玉雕造型的需求，同时也显现出作者艺术处理的表现力。

2. 造型简化

由于"花与鸟"造型结构的复杂性，玉雕不可能真实的表现，简化是必须的，对鸟进行概括描绘，对花木要"修剪"雕琢，塑造语言精练、简化、明了，使花鸟玉雕造型既自然天趣又雅致清新。

图 4-4-1 南红牡丹

3. 构图完整

在花鸟玉器中也是非常讲究构图的，然而作为传统的花鸟玉雕在完整的构图中又注重形象的完整性，如对树的塑造，一般有根须、主干、枝杈、花叶等，不会有"肢解"的感觉，一定会有"起势"与"收尾"，即使受到材料与造型的限制，也会用虚化、转接等手法，让形象结束处有延伸感，来完成构图与形象的完整性，这一完整性的要求，包含了我们民族"圆满"的审美心理。

二、花鸟玉器的工艺特点

花鸟玉器在琢磨过程中由于造型的需求和不同工具的使用，出现了线、面、体的语言，它们虽然是一个有机的整体，但也各自表现出特有的形式美，因此对琢磨也有着不同的相对应的要求。

1. 斩砣出坯刀刀见形

在块体出坯中斩功要稳、准、狠，准确把握形象的大体造型，下刀出形一步到位，这样不仅能概括提炼花鸟形象，而且省时省工。

2. 砣工磨形姿态生动

在磨制具体造型中不仅要把握形象的造型特征以及结构关系，同时有意的加强物象的动感趋势，姿态变化，使其产生生动的视觉效果。

3. 精雕细琢线形有神

雕琢花鸟的细微之处要面面俱到，一丝不苟，最后使作品中的形象有形、有神，增强作品的艺术品质。而线的语言在花鸟玉器上的表现非常重要，所展现的线形砣痕、刀法也是多样的。一般用压砣表现树根线形的古拙和劲健，用扎（钉）砣表现花蕾、花瓣、叶片线形的圆润和力度；用勾砣去表现出植物细藤、叶脉和禽鸟羽毛的丝丝游动、细腻娟秀。有"形"有"神"的琢玉线条既能表现形象的造型，亦能表现出不同对象的凝重、优雅和飘逸，这全凭琢玉者手腕运行的轻重缓急，以及精炼、清晰、流畅的线形运用。

图 4-4-2　勾线画稿

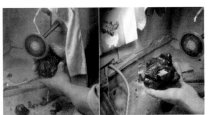
图 4-4-3　錾砣出坯

图 4-4-4　粗砂磨坯

图 4-4-5　精雕细琢

三、把件设计与工艺实例

花鸟手把件玉雕题材广泛，除了花和鸟，还包括荷塘中的鱼虾、田园中的虫草素果、山野中的奇珍异果等，在浑然的器型中随形赋意、变瑕为瑜、俏色巧作，融合多重雕刻技艺，因此形成丰富多彩的花鸟手把件样式。

 例一 **玉凤戏墨池**

图 4-4-6　相玉读玉　修整料形
这是一枚青花玉，块体不大，可以做手把件。首先使用錾砣去掉不好的部分，白色细腻润泽，黑如墨色，根据玉料造型与色泽进行多项的构思。

图 4-4-7　俏色巧作　随形布纹
勾线画稿，构思从墨色牡丹的花名青龙卧墨池联想而起，引发出白色玉凤和墨色牡丹的俏色搭配。根据黑白料形的大小和形状，以简化、变形的方法勾画出凤鸟的造型和雍容华贵的牡丹。

图 4-4-8　形体粗磨　粗坯成型
根据手把件的形式特点，雕琢整体浑然，使用压砣、扎眼、杠棒等不同的工具进行大体出坯，粗磨，确定凤鸟和牡丹的基本造型。

正

反

图 4-4-9　精致雕琢　打磨润色
正面造型，洁白凤鸟，墨色牡丹，通体光泽细腻柔和，手感温润。背面线形简练的造型，牡丹浑然天成。整个作品，凤鸟形体简洁，线条灵动；牡丹形态含苞欲放，雍容华贵，二者分和得体。同时砣痕清晰，刀法娴熟，工艺精湛。

 例二 **连年有余与荷塘清趣**

图 4-4-10　连年有余
润白籽玉，整个造型是荷叶包裹状态，荷叶里雕琢了展开的荷花，跳龙门的鲤鱼，故取名吉祥题材"连年有余"。造型圆实、大小适中，适合做手把件。

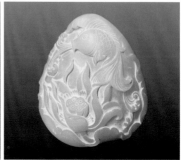

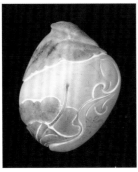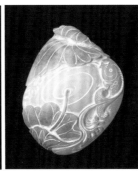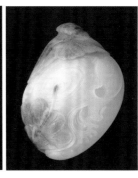

图 4-4-11　荷塘清趣

玉料有墨色感，利用籽玉上的颜色上下雕琢成两片墨色荷叶，而中间似墨点滴入荷塘，泛起层层涟漪，利用墨点通过勾画枝干连接，使荷叶构成倒挂之势，右边鲤鱼跃出水面，玉作构图奇妙，造型别致，取名为"荷塘清趣"。

例三　竹（祝）蝠（福）把件（两枚）

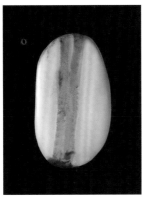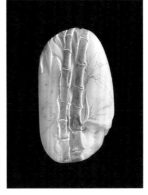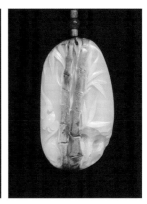

图 4-4-12　相玉

这块籽料比较特别，中间竖着一条色带，上端分叉，形似竹子，那就顺着竹影进行构思。在我们的吉祥口彩中常用谐音来比喻事物，竹即祝，加上蝙蝠图案，便是祝福，构思确定。

图 4-4-13　出坯精雕

祝福图纹绘于玉料之上，玉料中间两根竹子节节高，中间小的分枝与嫩叶，雕琢精美。

图 4-4-14　竹（祝）蝠（福）1

这是最后的成品，两边竹叶疏影横斜，下端借裂雕琢成山石，作品山竹幽幽，蝙蝠飞舞来临，线韵流长，带来了吉祥的祝福。

图 4-4-15　竹（祝）蝠（福）2（不同角度）

这是一枚圆润、浑然的籽玉，皮色藤黄色，根据形与色雕琢了破土而出的春笋，粗大圆实的笋头上又雕琢了竹叶与蝙蝠，整体虽然是圆雕，但在表面又采用了浮雕的琢磨，这样的形式非常适合手把件，玉在手中玩赏、摩挲、触摸，盘玉的快意带来了满满的祝福。

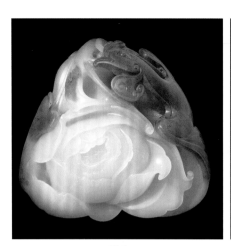
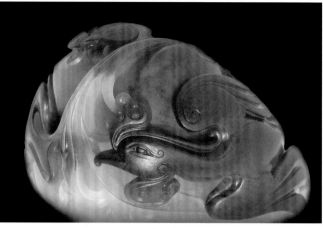

正面   侧面

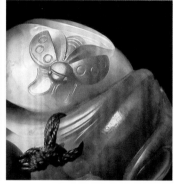

局部凤头   局部甲壳虫

图 4-4-16
凤穿牡丹富甲一方

相玉：这块籽料浑然、饱满、厚实，立体感强，红皮白肉，但裂痕纵横，黑斑较深，对于这种玉料应采用圆雕、浮雕、镂雕的方法随机琢磨。

顺裂布纹：使凤纹穿梭环绕于牡丹，借裂而作，化解瑕疵。

掏空黑斑：理清凤凰牡丹之空间，在整体雕琢过程中努力把控好"空"的大小、深浅和关联，其中表现花瓣展开之姿态，凤尾飘动之空灵，凤凰腾飞之气韵，使"空"具有"实"一样的表现力。

俏色巧用：枣红皮，色泽醇厚，作玉凤形体，雕琢简约，动感洒脱；润白玉，作肥厚牡丹，含苞欲放，雍容华贵。反面有一小块红色，顺势雕琢一个甲壳虫，展翅飞来，寓意凤穿牡丹，富甲一方，整个造型多种雕琢并浑然一体，蕴含着吉祥玉意，可谓玩味浓浓。

四、摆件设计与工艺实例

花鸟摆件玉雕题材丰富，形式多样，其设计还是根据玉料的造型而定，如籽玉类，随形而作，造型较为整体；如山料类，有的料体较为自然，而有的较为规整，这就需要因料设计，破形施艺，在花鸟的自然形态中寻找美的形式，并赋予美好的"玉意"。

金秋时节

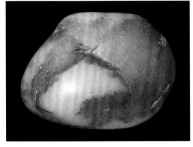 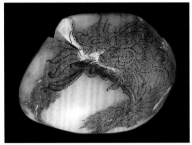

图 4-4-17 相玉

这是一块和田籽玉，有着浓厚的棕黄皮色，玉质油润细腻，但有较深的裂痕与杂质，相玉要细细察看，反复推敲，领悟玉意。

图 4-4-18 构思

根据玉料的裂痕与色彩，玉质中呈现出秋梨色、枣红色和金黄色，秋色浓浓，随玉意勾画一支秋菊依石而出，由左下方出枝，上扬而略回，形成菊花展开之势，花瓣与枝叶又顺裂向左延伸而下垂，一枝菊花撑满整个画面，并形成合围之势。

 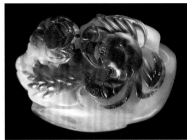

图 4-4-19 金秋时节（正面）

使用不同的工具与手法，因材施艺，俏色巧作，去裂剔脏，一枝盛开的菊花镶嵌于太湖石般的白玉之中，有"一丛寒菊比琼华，独傲清骨香万家"之意境。

图 4-4-20 金秋时节（反面）

反面有一大一小的两个螃蟹忙于觅食，大蟹钳着饱满的稻穗，横行于太湖石间。

整个作品随形而作，造型凝聚饱满，表现了菊黄、蟹肥、稻香、玉美，刻画了金秋时节田园中秋意野趣一景。

 松鼠葡萄水盂

图 4-4-21 相玉构思

贵翠玉料在一片蓝色中有灰墨色与棕黄色，然而其深度与形状需要作者的判断与深层切磋。俏色设计富有技巧性，俏色有的较为显露，有的隐约略见，而有的则隐藏在玉料之中。所以要依靠琢磨来进行"探色"和"理色"，并借琢磨经验来预测俏色的面积、深度和形态，在表象中进行深层的颜色的剥离，探其真伪，理清色界边缘，使俏色得到充分的显露，然后确定俏色利用的可能性，以及加以整体关联的思考。

图 4-4-22 松鼠葡萄水盂

水盂由一片蓝色翻卷生动的葡萄叶雕琢而成，在叶片右上边缘处，挂着一串晶莹的葡萄，葡萄的左上侧有两只松鼠在嬉耍；右边那只棕黄色松鼠似乎回头与同伴窃窃私语，而左边那只灰墨色松鼠却提起一只前爪贪馋地指着前面丰硕的葡萄，似乎迫不及待地想要美餐一顿。

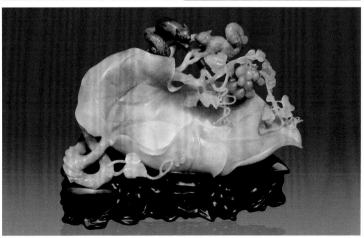

松鼠俏色的位置是整个作品中最佳的视点，一眼望去，两只可爱的松鼠瞬间映入人们的眼帘，随之顺着蔓藤可见雕琢的精妙之处，圆实温润的葡萄，盘曲迂回的细藤，娇嫩灵动的小叶，相互穿插，玲珑剔透。整个作品俏色成为作品的精彩看点。

 例三 秋荷显风骨 玉莲生紫烟

4-4-23　翡翠原石
这是一块包着石皮的干青翡翠料，其透明度较差，没有透光性。根据干青料的性质，构思雕琢一片荷叶及莲蓬。

图 4-4-24　莲子雕琢
先琢磨荷叶里面包裹着莲蓬，特别是莲子的雕琢上留存一点石性焦黄色，巧琢莲心，更显莲子的逼真。

图 4-4-25　雕琢完工
干青料通过雕薄，会有一定的透度，可显玉的灵性。荷叶在雕琢上与传统雕琢不同，而是注重表现荷叶皱褶的肌理效果，以显秋荷的风骨，同时荷叶边留石质表皮的焦黄更加逼真。

图 4-4-26　玉莲香插
在无莲子的孔洞里有插香的功能，"玉莲香插"即是手中的玩物，又有实用的功能，给现代生活增添了一份雅致与情趣。

第五节
人物玉器 记刻时代

人物玉器从新石器时代到现代，有着很大的变化，从剪影到圆雕，从变形至写实，从庄重到姿态万千，既显示了玉雕工艺的进阶历程，又反映了时代的审美变迁。

一、随时代变迁的人物造型

1. 传统人物造型

人物玉器种类有仕女、佛仙、神话人物、历史人物、童子玉女等，在历史的进程中人物玉器在造型、服饰、场景以及雕琢手法最能体现出时代的风貌。各种形制的人物造型反映了当时宗教、政治、文化、生活的侧影，这些经典之作，也是我们今天继承、学习与借鉴的范本。（图 4-5-1 ~ 4-5-4）

图 4-5-1　玉人　龙山文化　　图 4-5-2　玉舞人佩　战国　　图 4-5-3　青玉仕女佩　宋　　图 4-5-4　珊瑚麻姑献寿　清

继承和发扬传统玉雕人物造型的风格和美感，是现代玉雕师的责任之一。近代玉雕大师，在继承传统"棒头仕女"的基础上，同时讲究人物的比例、结构、姿态、神情以及意境的创造，人物形象也开始改变了以往单一的造型样式，讲究形象姿态和艺术形式，对于人物的比例与结构、动态与衣纹、面相与神态，以及个性的刻画和场景的描写，在具体的作品中融入现代雕塑语言和传统美学意境。（图 4-5-5 ~ 4-5-7）

图 4-5-5　观音菩萨　金星
作者：张雷　20 世纪 70-80 年代

图 4-5-6　橘颂　岫岩玉
作者：赵丕成　20 世纪 70-80 年代

图 4-5-7　蚌仙　岫岩玉
作者：徐勤　20 世纪 70-80 年代

2. 现实题材创作

20 世纪六七十年代开始，出现了表现现代题材的玉雕作品，强调典型人物、典型环境等，如有表现城市与乡村题材、表现劳动生活题材等，这些玉雕大都记录了劳动、生活与工作情景，清晰地印刻着时代的记忆。（图 4-5-8 ~ 4-5-9）

图 4-5-8　出击　岫岩玉
作者：王敏　1976 年

·作品表现女民兵训练时撑篙凌空跃起即将轻轻落在已离岸的船艄的刹那之姿，表达了女民兵的机智、敏捷和勇敢。该作品运用了玉料的巧色设计，人物以黑色突出了"影"的效果，也点明了夜幕降临的时间，朦胧一片，正是"出击"之时。

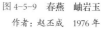
图 4-5-9　春燕　岫岩玉
作者：赵丕成　1976 年

· 两只春燕在玲珑的丝瓜藤架叽叽喳喳，欢迎着藤架下的来客，原来是乡村医生来为村民送医送药了，小女孩兴冲冲地迎上去，提起刚采满草药的竹篮……人物间呼应和谐，情景交融（图4-5-9）。

3. 当代人物特征

20世纪90年代以后，玉雕行业发生了很大的变化，样式风格日益个性化。不同的作者在玉雕人物的题材、造型、风格上，都形成各自的特点，呈现一派新时期的欣欣向荣。同时越来越多的美术院校雕塑、绘画、设计等专业的毕业生融入了玉雕行业，使玉雕业出现了百花齐放的局面，各琢玉者根据自己的审美，发挥自己的特长进行设计制作，因此作品具有鲜明的个性色彩。在之后的实际案例中可以体会。

二、人物造型审美的特点

玉器人物的造型种类繁多，但在不同的人物造型中又有着共性的审美，丰富、圆润的细部，有规律的交织、编排、凝聚，有机的组合成丰满的整体。大趋势的饱满，加上小姿态的圆润，以这样的造型理念足以琢磨任何壮美或柔美的形体。

1. 端庄慈悲之美（如观音）

脸相丰满圆润，比佛略长些，长眉秀目（秀眉凤眼），体态丰腴秀美，服饰华丽庄严，头戴宝冠、腰束长裙、肩挂披帛，左臂自然下垂，手掭净水瓶，右臂向上弯依胸，持拂尘或莲花，除了身体比例适度以外，必须注意的是动态变化微妙，以略微扭动身躯和略斜头部，构成优美的外轮廓曲线，既含蓄端庄，又灵动优雅，显出衣裙飘拂，静态中有微动之势，犹如徐徐升腾的青烟。

2. 灵动柔和之美（如仕女）

体态恬静娴雅，婀娜多姿，略带娇美，有飘逸之感；形体颈项略修长，秀骨圆润肩胛削，杨柳腰肢显灵动，臀部丰腴需含蓄；面相鹅蛋脸或称瓜子脸，柳叶眉、丹凤眼、悬胆鼻、樱桃嘴，眉毛弯弯，嘴角翘；仕女之手应作藕型，十指尖尖似春笋，刻画是要达到细、糯、柔、软，常见手势有兰花形、佛手形、荷叶形、剑手形等。

3. 英武阳刚之美（如武将）

玉雕武将造型总体上线形比较硬朗，表现出英武之气，身形要阔肩、无腰、短项（"将军无脖项"玉雕俗语）；脸部开相怒目圆睁，眉毛倒竖，鼻阔，胡须飘出；身体暴露部分如面部、胸部、手型要有立体块面感；衣纹、盔甲多用直线表达，有时在局部可以处理特殊的肌理效果，表现出人物坚毅英气的性格。武将也有不同的个性特点，时代背景以及特定场景，造型还要根据具体的人物性格进行塑造，夸张其个性。

三、设计与工艺实例

除了人物自身的形态美之特征的把握，设计和雕琢时还需要注意：

1. 衣纹添神韵

玉器人物的造型在勾画和表现衣纹上，通常实处衣着贴身，随人物的结构起伏圆转；虚处衣褶虚灵飘逸，表现出衣纹的静动、聚散的丰富变化。此外衣纹的雕琢中要表现出不同的质感，薄质衣纹紧贴肌肤，表现出人体曲线之美，同时衣纹有飘逸灵动、轻盈柔和之感；厚质衣褶琢磨浑厚圆润，饱满豪放，给人物形象增添了沉稳劲健的风格。衣纹千变万化、丰富多彩，精湛、贴切的衣纹表现直接提升着人物形象的神韵。

2. 情景相交融

在人物玉器的设计中，往往会有陪衬的"景"出现，即使没有较大的场景，也会以简练的手法雕饰一石一鸟，一草一木，或花朵、水纹、流云等来衬托人物，来象征、比喻人物的性格特征、时间季节、特定环境，以简约的手法恰到好处地渲染意境，不仅塑造出神情各异，个性鲜活的人物形象，并且达到了情景交融的艺术效果。

3. 取舍和概括

玉器形象是经过提炼概括的，即去繁求简，取其主要的形象，舍弃次要的部分。这一简不是简单、减少，而应该是"简当成型，简当得宜，简当愈精"。因此，需要琢玉者对人物造型进行主次筛选、合理组织、虚实经营、统筹安排等，这样才能雕琢出精练而富有情趣的人物玉器形式。

4. 借鉴和创新

由于时代的进程，人们审美意识的改变，人物玉器求新显得尤为重要，无论从玉料的个体特征还是从观赏者的审美心理来看，都要求玉器设计以一个新的角度、新的面貌、新的姿态，去打动观者猎奇的审美心理。

 美丽传说

图 4-5-10 原石正面与成品正面

一块双色相间的新疆彩玉中，巧妙地勾画出饱满的青色蚌体，而肥厚的黄玉似乎从蚌体中逸出，隐约可见玉女的倩影，依势剥离，细心雕琢，美丽的仙子飘然而升，水袖渐渐地虚化成流体，似水纹，如流云，有仙境之气。玉料在切磋琢磨之中使"美丽传说"的意象转化成优美的造型。手感温润，气韵饱满。

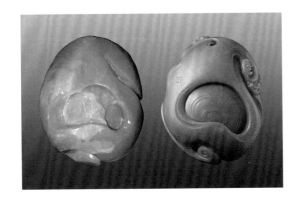

图 4-5-11 原石背面与成品背面

原石背面，原本黄色料体包裹着青色，在此中间去掉黄料，露出青色的蚌体，这样有了色彩的变化，并且与前后整体造型有了呼应，使玉雕作品温润浑然、优美雅致，静而灵动。

例二 钟馗纳福

图 4-5-12 原石

这是一枚和田棕黑皮籽玉。

图 4-5-13 构思

由于皮色较深，墨色勾画图形不清晰，因此采用白色油性笔勾画。

图 4-5-14 出坯

雕琢完成后的效果。

图 4-5-15 成品

打磨、抛光、装饰后的最后效果。

例三 玉狐梦影

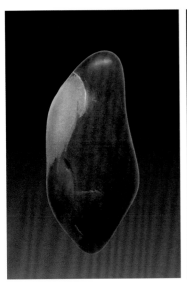

图 4-5-16 相玉

这是一枚青花籽玉，原籽的造型略有姿态，手感温润顺滑，合适做手把件。左上方有小块白色，整体青花墨色深淡不一，似墨韵化开。

图 4-5-17 成品

青花籽玉形和色渐渐勾起了有意味的想象。蒲松龄笔下的狐仙在青花玉中渐渐显出，在黑与白的交接处，作银狐上扬的尾巴，又似仙女飘落的垂发，一线两用，分合自然得体。人物上半身采用了写实的手法，而下半身腿部作抽象、写意的笔法，寥寥数笔，简洁线韵勾画腿的形态以及水袖的延续和虚化。

图 4-5-18 玉狐梦影 正反两面

图 4-5-19 玉狐梦影 正反叠影

在料体的反面中间有一条深的裂痕，为了去掉这道裂，反面腰线处做了凹弧深扎雕琢，这样人物造型更为生动。也正是因为人物正面与背面不相对应，似乎有变体之象，这就需要随机应变，转换思路，吸取神话"变身成仙"的情景，这样不仅圆了"变体"的处理手法，更为作品赋予了一层变幻莫测的意味。

中国玉器设计与工艺图解·跟着海派玉雕大师学技艺

例四 丝路花雨

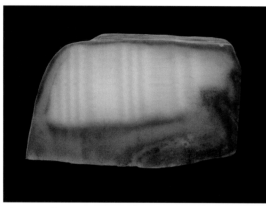

图 4-5-20 相玉 尺寸：13.6×8.2×1.3（厘米）

此玉料为俄罗斯白玉，色泽润白，配以银灰、淡墨、褐色以及朱砂，玉料色彩犹如润白的宣纸上墨色由上至下流出，并渐渐的化开。

4-5-21 飞天图稿

似见白云横流，飞天飘然而起，身影如燕，多年前创作的飞天图案与之对照，"丝路花雨"的意象呈现于玉料之中。

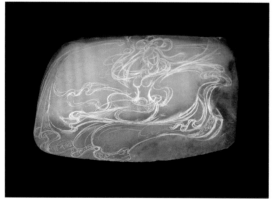

图 4-5-22 构图入玉

将飞天的图形融入玉料之中，并将飞天造型对角撑满整个画面，有飞出云端之感。

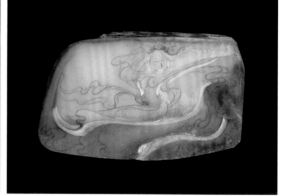

图 4-5-23 主要线形琢磨

最初的大体琢磨定位，制作中要不断地用油性笔复勾图形。从中可见在线的运用上，不仅将敦煌之线的舞动融入了玉雕之中，同时，将不同形象的线迹首尾相连，气韵贯通，尽可能地一线相连。

图 4-5-24　开相

浮雕不像圆雕那样大刀阔斧雕琢，其琢磨是整体把握，局部深入，层层推进，此款浮雕以人物头部为先，面部开相是重点，力求雕琢细致到位。

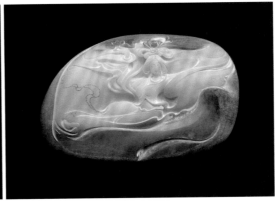

图 4-5-25　雕饰布纹

开相之后，并以此为标准，上为云鬓、发饰、红霞；向下分别琢磨出颈、肩、胸、腰、腹、臀以至腿部线体向左右延展，与右上手臂水袖形成对应之势，气韵贯通，飘散自如；左臂弯曲、手执红莲呈现于流云、水袖、红霞之间；银灰色系而是采用大而长的砣工，通过压砣的长走、浅压、斜淌，边沿处再加以 S 形的翻卷波纹，坚硬的石头通过砣工的熨烫，丝绢随之而出，此工虽简，却把控着整体画面的气韵流向；右边与下方的红色，精心的雕琢了莲花纹饰；整体雕琢疏密映衬，松紧有度，长短相宜，留白布空，在美的形式对比中得到和谐与统一，使画面产生节奏与韵律感。

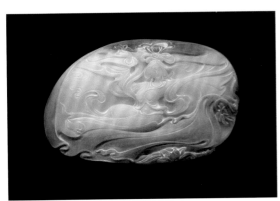

图 4-5-26　巧妙分层

玉雕的浮雕通常会用剔地的手法让形象突起，地面平整，此款玉雕没有地的概念，高低起伏随意而动。而飞天造型的深度要比其他部分要深，尤其是人体头部与躯干部分要相对的突起，使主体形象明显，其他部分层层推进，使衣纹、丝毯、流云、空间等既有层次感又气韵相连。而留白的部分既是虚体也是实体，有时突起的飘带又进入虚体的地面之下而成为实体，使浮雕有了更深的空间感，同时与敦煌虚无缥缈的意境有了相似的、奇幻的空间感。

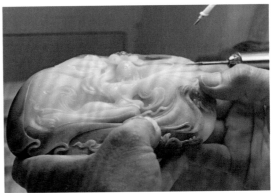

图 4-5-27　走压扎淌

"丝路花雨"在砣工的运用上，沿袭古法，琢磨以砣代笔，用线精妙，虚实变化，砣工、线迹有时流畅飞舞，有时峰回路转，有时"深勾浅压"，而有的轻轻"淌"过，用不同的砣轮与技法去刻画不同的线形。

图 4-5-28 丝路花雨 成品

流云从天而降，颇有气势，又转折渐渐而起，轻轻托起飞天；头冠之上的红皮，勾画红莲又晕化成横流彩霞。主体飞天造型与色彩相呼应，轻盈飞动的姿态，略作回首，低眉俯视，手采红霞，撒向大地，去化作朵朵红莲，巧妙地利用了玉料的自然美质，勾画出一幅淡墨重彩，圣洁祥和，丝路曼妙的画意和敦煌印象。

例 五 琵琶行

图 4-5-29 原石
玛瑙原料，色泽暖色，料体厚实又晶莹剔透，构思雕琢人物琵琶女的形象。

图 4-5-30 构思
在人物造型上采用全立体的仕女坐势，低眉拨弄琴弦；背景作高浮雕与透雕相结合，有空灵、动向之感。在雕琢中对深红色雕琢成飘落的红叶，出现的银白色加以利用雕琢了弯月与小鸟，不仅利用了俏色，更是为作品的意境增加了色彩。

图 4-5-31 琵琶行 成品
冰清的弯月，南飞的大雁，远去的帆影，飘落的红叶，还有远山烟云飘绕，只有一只白色的小鸟飞来，似乎聆听琵琶女弄弦诉情。玛瑙本是暖的色调，作品却透着丝丝凉意，雕琢技巧成了情景的渲染、凝固的诗情。

　　圆雕人物在形体的塑造上要比浮雕人物来的复杂，尤其是在场景的处理上人与景的关系，层次关系，空间的虚实关系等，思考点在立体中不断地转化，同时从玉料外层向里雕琢过程中会出现意象不到的现象（瑕疵与俏色），因此，在立体中不断地加以调整，随机雕琢，去绺藏裂，俏色巧作，化腐朽为神奇，在制作过程深化、完善作品的设计与构思。

第六节
天然玉瓶 优雅玲珑

一、天然瓶的造型特点

天然瓶由两大基本元素组成，优雅瓶身与玲珑花鸟，即在瓶子造型的一侧或周围雕饰树木、花鸟、疏果等。天然瓶的造型以瓶为主体，是天然动植物的依附体，瓶的造型吸收了瓷瓶的样式，基本为素面造型，放置于树木花鸟之中，有动中有静之感。这类产品还引申出壶、盂、洗等容器的形式。有的主体还出现不规整的容器造型，如桃形、荷叶形、葫芦形等。天然瓶在造型上由于陪衬和组合动植物，有玲珑剔透的效果，在空间造型关系上更为丰富和复杂，由此，使工艺制作有了相应的难度。因此，天然瓶的设计和制作有益于进一步提升、训练玉器琢磨技能。

二、天然瓶的造型设计

1. 材料的选择

天然瓶的选料范围相对比较广泛。造型除了规整的瓶子，还有千姿百态的花卉作陪衬，因此，在造型的处理上比较自由，可以随形构思，随形制作。由于花卉造型的特点，因此天然瓶对各种不同的质地、形状、颜色的玉料一般都能运用，还能体现出顺其料形，灵活多变的造型方法，创造出不同意境的天然瓶玉器。

2. 意境的思考

意境的产生还是要在细察之中得到启示。如俊俏的料形，在素雅秀丽的瓶身旁，配以飘逸的杨柳，有夏日的凉爽惬意之感；配以翠竹秋菊，有洋洋洒洒、秋高气爽之意。如饱满的料形，在体态丰满的瓶身旁赋以盛开的牡丹，有雍容华贵之态；配以累累硕果，则一派丰收景象。

3. 优美的造型

素瓶造型和位置：瓶的造型作为天然瓶的主体以及自然物的依靠体，它的造型除了玉料的制约以外，还要考虑器型的优美。瓶作为一个相对的独立体它有很多的样式，它的美感形式有自己的造型规律，同时可以借鉴瓷瓶和其他器皿的造型，总之它们的造型有三类：典雅秀美形、富态饱满形和秀骨挺拔形。

天然瓶的造型从俯视来看一般是平扁形的，它的位置摆放是相对植物体、山石体等而言，通常瓶的位置在后右侧，植物体等在左前方；另外相反，瓶的位置在后左侧，植物体等在右前方；再有或左或右一侧。

虚实疏密和构图：自然物等形象疏疏密密、层层叠叠布于瓶身之上，在此合理的构图，疏密的雕琢有助于显示天然瓶的形式美感。当我们在瓶的周围雕琢形象时，时时需要思考疏密、虚实和层次，实际上是在有意识地经营着虚的空间，有了大小不同、形态各异的虚空，才能有开放、松弛流动的空间感。它的作用：其一，反衬瓶的光素优雅，其二，也展现了实体丰满雕琢的生动气韵。

形体姿态需完美：除了瓶子光素、工挺、雅致的造型以外，出现的植物、山石、虫鸟等，在玉器中形象的琢磨一般是比较完整，如在素瓶旁雕琢牡丹花，那么出现的是根、茎、叶、花朵，还有根部的山石；如果是一棵柳树，同样的有山石、根部、枝杈、柳条、叶片，在此玉雕的表现是完整的、简练的、优美的。

图 4-6-1 花卉双管瓶 白玉
作者：李国翔

图 4-6-2 万紫千红链条瓶 紫花翡翠
设计制作：上海玉石雕刻厂 魏忠仁等 1978 年

图 4-6-3 梅花插瓶 珊瑚
关盛春设计 黄德荣雕刻

三、雕琢施艺的注意事项

在总体的工艺制作中和空间的理解上，瓶身的造型比较好掌握，而自然物的造型虽然有一定的自由度，但在空间造型上存在着错综复杂的关系，给设计带来一定的困难，也给雕琢带来一定的难度。这种对雕琢空间的理解，其一，是观看思考和勾画，努力弄懂植物的来龙去脉和内部结构；其二，是随着雕琢的渐渐深入和不断的勾画，理解也随之深入，空间结构也逐渐明朗。因此，在整体的空间雕琢中需要特别注意以下事项：

1. 盘曲交搭要自然

在整体形象的雕琢处理中，由于玉性较脆，一般不会出现个体形象出挑、悬空，这样容易断裂，因此，天然瓶的各形象之间总是相互联系着、依靠着、交搭着。天然瓶有着复杂的结构，其中有树枝的交叉、藤蔓的盘曲、叶片的重叠等。在此，琢磨需要思考两个问题，其一是牢度，其二是美感。交搭不仅仅是牢度的需要，而且更是形式美感的需要，所以在整个作品的重叠、交搭安排一定要自然，切记，不要为了牢度而生硬地交搭。

2. 穿枝过梗需"开门"

在琢玉中所谓的"开门"特指在雕琢结构比较复杂的形象时工具有进出的空间，可以进行深入加工，所谓的"关门"特指在雕琢结构比较复杂的形象时，工具深入比较困难，进出空间封闭或狭小，不易雕琢。因此，在设计时要有疏密变化，使疏的部分容易下工具，以至深入到密的部分，而密的部分的枝梗、叶片、花朵前后层次排列要交叉，不要重叠，特别是叶片、花朵不要成正视，而要以一定的角度，约成45°，这样既美观又有空间方便工具进出。总之，在密的布局中要给予工具的"开门"空间，便于雕琢。

3. 小枝要肥空斜透

雕琢细小的枝干时特别要注意，过于的纤细会使玉质有枯的感觉，因此，小枝、细枝都要有肥的、饱满的感觉，这符合玉的浑然温润的质感。雕枝干如果是采用镂空工艺，那么对于透空的处理不要采用对穿的方式，避免空洞一眼见底。透空穿插于枝干之间，有圆的、三角的、长形等的造型，都应该采用斜透的形式，使它造成半遮半掩的效果，这样在造型上富有美感，观赏上富有情趣。

4. 娇美的花朵

花朵是玉作观赏的重点，含苞欲放的姿态正好符合玉作的特点，含苞有了浑然温润的体感，欲放表现出花瓣微张、娇美的姿态，同时有了玉的玲珑剔透。大小的扎眼可以雕琢出花瓣的层次感，压砣可以使花瓣有了姿态，蛋形砣可以表现出花瓣边缘的细微变化，在此有了砣的琢痕，尤其是"淌"的工艺，使花朵更为柔美。

5. 适应变化要调整

天然瓶的造型除了瓶子以外，其他部分的造型都带有许多不确定因素，需要适时调整。其一，从平面勾画到立体的雕琢会存在着一定的差异，需要进行合理的调整；其二，随着雕琢的深入，材料中斑点、裂痕、瑕疵等的出现需要进行更改、调整；其三，在雕琢中随着工具的深入、磨制，无意间会出现好的形态、砣痕，在此要随机的把握。这些变化和调整贯穿于整个天然瓶的雕琢之中，使天然瓶的造型更加完美。

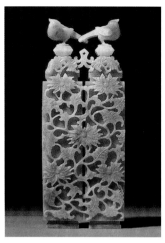

图 4-6-4　双连盖瓶　翠玉　清代

图 4-6-5　竹节提梁壶　青玉　民国

图 4-6-6　牡丹菊花瓶　珊瑚
上海玉雕厂设计制作

图 4-6-7　猴桃水盂　玛瑙
赵丕成设计制作

四、天然瓶的工艺设计实例

天然瓶的工艺流程还是三个部分：块体出坯、形体粗磨和精雕细琢。在此着重讲天然瓶植物配景的琢磨表现和理想效果。

蝉柳瓶

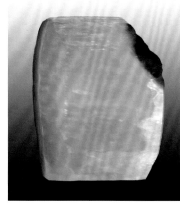 

图 4-6-8　料中取瓶　画柳雕蝉

这是一块岫岩玉，根据玉料的特点，以瓶为主体，配柳树巧雕玉蝉。在一块玉料中取出相应的瓶的造型，它的高度、宽度、厚度与整体玉的造型相吻合，瓶在玉料中的位置摆放要考虑到景物料体的空间，以及配景的构图、趋势等，要全面地勾画与布局，以求玉瓶与柳树既相互对比又相互映衬。

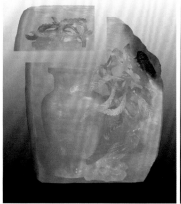 

图 4-6-9　瓶盖一体　嘴口严密

对于瓶盖的取料应在同一块玉料中取出，理想的就直接在瓶口上端取下，这样避免玉料的色差。在"投嘴口"（做瓶盖的俗语）上，分子口与母口，一般子口为瓶盖下口，母口在瓶身上口，子口凸出，母口凹深于子口，上下子母口缝隙严密，不能松动，雕琢研磨一丝不苟。

图 4-6-10　蝉柳瓶

刘锡洋设计　赵丕成制作 1973 年

在整个瓶体的塑造上对于瓶盖的大小、瓶颈的高低粗细、瓶底的收口等，要整体、匀称、合度，通过工艺琢磨，使瓶的造型工挺、优雅、浑然，同时与柳树、玉蝉玲珑剔透的工艺融为一体，整件作品瓶景相依，优雅玲珑。

第七节
海派炉瓶 古意雄风

海派炉瓶在继承与发展过程中不断吸收了其他的艺术形式,使炉瓶成为海派玉雕的特色之一。玉炉瓶这一类产品大部分借鉴青铜器的造型和纹样,特别是四方鼎、三足炉、提梁卣,还有爵、觚、樽等。这些炉瓶虽然没有青铜器之狞厉,然而从它的器型和纹饰上来看却有了凝重而典雅、雄健而优美,既保留了青铜器的雄浑霸气又增添了一份温润和柔美,玲珑与优雅,表现了海派炉瓶特有的精神气质与古意雄风。其中三足炉造型具有典型的意义。

一、三足炉的造型特点

玉器三足炉是仿古炉瓶中典型的产品,其造型是从古代陶器、青铜器香炉演变而来,造型对称、庄重、大方、朴实。

1. 三足炉的结构部件

炉身:主体造型圆润饱满,有的赋有纹饰。炉身采用圆雕的形式,表面浮雕纹饰的雕琢俗称"了面"。

吞头:似乎是炉的双肩,对称的龙头或虎头,连接着流畅、卷曲的香草,有了装饰的韵味和玲珑透雕的工艺。

炉圈:和吞头相连、垂挂的耳圈。有的在炉盖上也有三个炉圈,位置和三足上下对齐。炉圈给庄重的玉炉增添了一分灵动之感。

三足:健壮有力的圆雕,三足鼎立,稳健中有了屹立的气势;足跟和炉身的结合处装饰有高浮雕的兽面纹,增强了玉炉的威武和神气。

炉盖:盖上装饰有狮子或盘龙,雕琢整体而通透。

2. 三足炉的整体造型

三足炉的造型基本由以上五个部分组成，各个部分的造型都有各自的特点，既有主体的几何器型，又有装饰动物、植物等形象组合而成，而且琢磨形式又有圆雕、透雕、高浮雕、薄浮雕等。因此，在整体造型关系上有着严谨的结构和一定的比例，使多样的造型统一在整体、优雅的三足炉器型之中。三足炉的造型形式较多，有高三足炉、矮三足炉，又有植物造型，有动物造型，有几何造型等，三足炉玉器的总体形式美感呈现出古朴、端庄、典雅的风格（图 4-7-1 ～ 4-7-4）。

图 4-7-1　青玉三足炉
设计制作：上海玉石雕刻厂

图 4-7-2　翡翠活环龙首耳三足盖炉　清代

图 4-7-3　和阗碧玉莲纹三足炉　清代

图 4-7-4　白玉雕双耳三足炉　清乾隆

二、三足炉的因料设计

三足炉的样式多种多样，玉三足炉的设计，包括它的样式和造型风格关键还是由玉料的造型和琢玉者的审美来决定的。

1. 玉料选取

三足炉的玉料选择，要块度大，料形整体，瑕疵少，色泽匀的玉料作为三足炉的理想材料，由于三足炉是对称、规则的器型，瑕疵不能像制作天然瓶那样容易去掉，因此，对于玉料的选择要仔细察看，是否有深度的色斑和暗裂的存在，以免在制作过程中产生不可去净瑕疵的现象，使玉炉造成美中不足的遗憾。

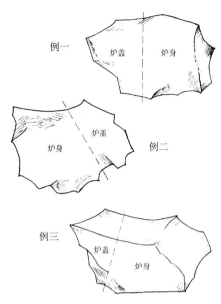

例一　炉盖　炉身

例二　炉盖　炉身

例三　炉盖　炉身

图 4-7-5　三足炉取料参考图

2.合理用料

炉身的用料应该把好的玉料放在正面和上部，炉盖和炉身最好是一块原料上分割而成，这样色泽较为统一，在开料时把好炉身和炉盖的比例，尽量用足玉料（图 4-7-5）。

3.勾线定位

首先要把炉身的上口平面和三足的平面从四周来看要达到一样的高度，即成平行线，然后用画十字线的方式找出上口和底部的中心点，以此为标准，自上而下、掌握比例、勾画墨线，其中包括炉身的俯视图和底部三足的定位，两侧吞头（虎头）、炉圈的定位以及各部分的勾画（图 4-7-6、4-7-7）。

图 4-7-6　玉器三足炉造型比例参考图（正视图）

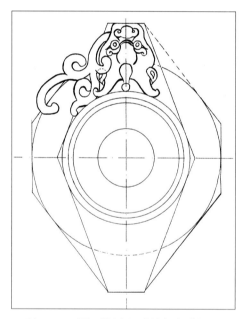

图 4-7-7　玉器三足炉造型比例参考图（俯视图）

三、三足炉的工艺流程

由于三足炉上的纹饰多样、结构复杂，因此，学习雕琢三足炉是对琢玉技巧的全面的训练。炉身结构部件较多，可按照炉身、吞头、炉圈、三足、炉盖的顺序（图 4-7-8 ～ 4-7-12），再结合具体的出坯、粗磨、精雕细琢等工艺，学习制作。

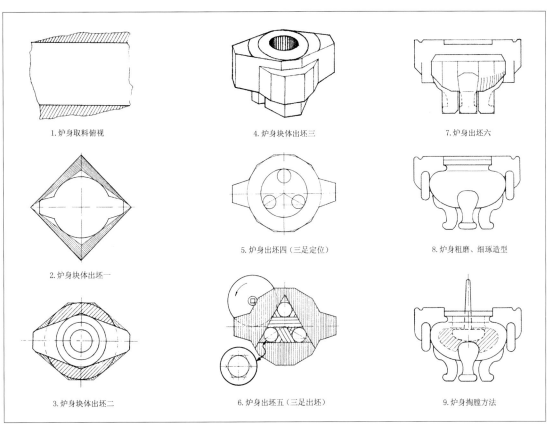

1. 炉身取料俯视　　　　　4. 炉身块体出坯三　　　　　7. 炉身出坯六

2. 炉身块体出坯一　　　　5. 炉身出坯四（三足定位）　　8. 炉身粗磨、细琢造型

3. 炉身块体出坯二　　　　6. 炉身出坯五（三足出坯）　　9. 炉身掏膛方法

图 4-7-8　炉身制作步骤示意图

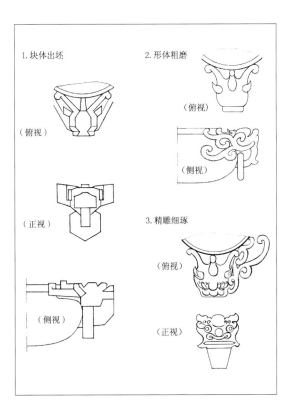

图 4-7-9　吞头制作步骤示意图

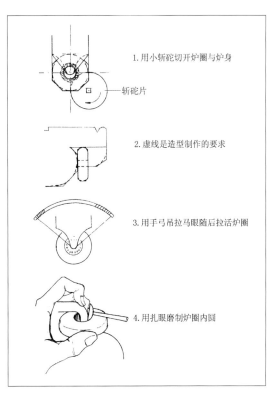

图 4-7-10　炉圈制作步骤示意图

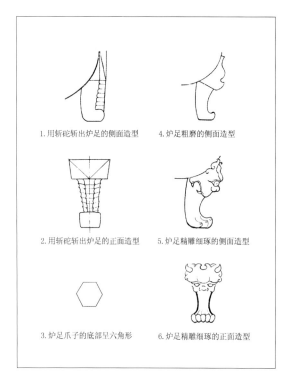

图 4-7-11　炉足制作步骤示意图

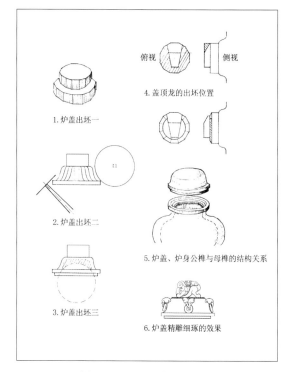

图 4-7-12　炉盖制作步骤示意图

1. 块体出坯

炉身、炉肩、炉圈、炉足的块体工艺程序：

（1）先将炉身斩成菱形，其次斩出炉口，然后再斩出炉脚的三角形。

（2）斩出两个吞头、炉圈的高低大小。

（3）将炉肩的菱形削圆，两边要削得相等，吞头延伸的香草部分要少削一点。

（4）逐一将三个脚分别斩成六角形。

（5）斩出炉腹，使它成为锅底或半皮球状。

（6）斩出三足的凹档。

炉盖出坯：先用錾砣大体斩出炉盖的造型和盖顶的装饰（多为盘龙、云龙、独角龙、香草龙等）。

錾砣工艺注意每斩一个地方，先要懂得它的形状，斩时正确，既不能少，更不能多。在斩时还要考虑到錾砣是圆的，防止中间过深。

2. 形体粗磨

形体粗磨即"粗砂出坯"阶段，实施冲砣、压砣、掏砣、轧眼等工艺。

炉身粗磨：用粗砂工具把炉身外围磨的浑圆、规整，两肩对称。用粗砂掏磨炉身膛内，内壁要磨得厚薄均匀，与外部造型一致。

吞头（两肩立体虎头）、炉圈粗磨：吞头是耳，炉圈是环，二者是一体的，因此，在工艺的处理上要一起考虑。先后用大压砣、小压砣把吞头、炉圈磨平、磨圆，两边对称，再用扎眼把吞头和炉圈交界的"三角地"磨干净，然后打骑马眼，这样可以用细铅丝穿过，再两手轻轻地来回提拉，同时加以细砂和水，在拉磨的过程中，要胆大心细，渐渐地使吞头和炉圈分离（现在可以用钻石粉尖针挑磨开吞头和炉圈）。分离的炉圈是带着棱角的，再用扎眼施以扒、塞、刨等工艺，使其圆润、饱满。切记，扎眼不能比缝隙小，以免在旋转中扎眼滑入缝隙中，造成炉圈崩断。

香草粗磨：香草作为吞头的延伸连接着炉身，同时又起着装饰作用，粗磨时使用压砣、轧眼、杠棒等工具磨出它的造型，两边要对称，既要贴切地搭在炉身上，又要有空灵感。

虎头（三面浮雕）粗磨：虎头是连接炉身和脚的装饰物，先用大压砣大体磨出老虎头的形状，并使三只位置、大小、高低统一，再用小压砣和轧眼等工具基本琢出脑门、眼睛、鼻子、嘴造型。

炉足粗磨：先用大压砣将三只足的棱角磨掉，略微弯曲，上粗下细，再用小压砣等工具琢磨出脚跟、腿凹档、脚趾等，同时三足统一有力。

炉盖粗磨：再用压砣等工具进一步磨出、磨正炉盖的造型和龙的造型。

炉、盖投嘴口工艺："投嘴口"此项工艺犹如公榫和母榫的结构，炉身口是母榫，炉盖口是公榫。先用錾砣斩出圆的母榫，然后用压砣把母榫圆周磨得圆润，并深浅一致，以同样的方法留有余地斩出、磨好公榫，公榫的磨制要非常小心，在磨的过程中要不断地把炉盖试着盖在炉身上，看它是否吻合，当磨到基本吻合时，可以在二者之间加上细砂，用双手使它们不断的转动、碾磨，这样可以使二者更加紧密，"投嘴口"的工艺要求不动摇、没有缝隙，转动紧密、顺滑。

3. 精雕细琢

三足炉的精雕细琢是一项复杂和精到的工艺（了手工艺），由于形体的多变，因此，在工具的使用上是多样的，一般是从大工具用到小工具，也就是从大面积的形体琢磨到小面积的造型。

炉身了手：炉身了手在粗磨坯体的基础上进一步把圆体的炉身用细砂把它磨得周正、圆润，弧面光挺。

吞头、炉圈了手：虎吞头的了手要表现出虎头的威猛气势，两眼圆瞪，鼻子饱满，脑门宽厚，牙齿锋利有力，两耳饱满似猫耳；两个炉圈要用细砂细心的磨制以至圆润饱满，特别是琢磨炉圈的内圆更要小心，不要使工具在其内卡住，以免损坏炉圈。

香草了手：香草弯曲富有弹性，粗细厚薄匀称一致，香草要施以"淌"的工艺，形成条形的凹弧面，使其富有流动的气韵，结尾的卷子头要从外向内旋转刨圆，并有力度；香草的三角地要用小工具琢磨干净，对于香草的边缘不能有丝毫的损伤，呈现自然、流畅、清爽之感。

虎头了面：三面高浮雕的虎头，大小、高低位置相同，虎眼用小轧眼勾匀，磨成半球状似乎镶嵌在里面，二眼相距一个眼球为宜；眉毛根粗，眉梢略细卷成卷子头，收头要圆、略高；双耳根部用轧眼琢磨使其结构清晰，耳轮用小压砣琢磨，使耳尖稍尖，耳洞使用小蛋形工具从耳尖至耳根渐渐加深；鼻子要肥似三瓣大蒜，中间要圆而翘；口宽，龇牙咧嘴，嘴角上翘，凶相中带着笑意。

炉足了手：先用大压砣将三只脚细细的磨制，使其光挺，再用杠棒圆润的琢磨腿的凹档部位，使三足微弯而挺立；用压砣等工具琢磨出有力而圆润脚跟，用快口压砣等工具琢磨出脚趾内扣有力。

炉盖、盘龙了手：用压砣、杠棒等工具把炉盖磨得细腻、圆润、周正。用多样的工具细致的琢磨出盘龙：盘龙形似壁虎，尾如香草，身如游蛇；腿爪与狮子的腿爪相似；四腿动作有力生动。炉盖上的盘龙在整体造型上呈半球状，头在正上方，身尾高低起伏的盘曲成圆状，四腿肌肉饱满，脚爪有力的均匀的蹲于四方，盘龙整体造型空灵，在镂雕的过程中，空洞的处理要合理、得当，不要出现对穿的空洞，盘龙的头、身、尾、足的搭配要自然合理，三角地的"多玉"要去净，而又不能脱节，用多种工具细致的琢磨出各局部的造型，使盘龙玲珑剔透而又稳健地蹲在炉盖之上。

三足炉在组合结构上搭配严谨，因此，在工艺处理上要求严格，整体造型要规矩、对称、稳健，比例合度。具体工艺要求："投嘴口"的紧密，炉膛的均匀，炉圈的灵活，香草的空灵，盘龙的矫健，吞头、虎头的圆雕和浮雕都必须以工见长。最终显示出高超的琢磨技巧和完美的艺术造型。

四、其他器形

炉瓶除了三足炉以外还有其他各式各样的款式，在古代玉雕中炉瓶有着重要的地位，尤其是清代炉瓶器皿有许多经典的造型。海派炉瓶继承传统的基础上，发展创新，形成了古朴典雅、大气精美、气韵饱满的特点（图 4-7-13 ~ 4-7-17）。

图 4-7-13　青白玉仿痕都斯坦工双耳四足炉　民国

图 4-7-14　翡翠熏炉

设计：王玉　制作：韩广彬

图 4-7-15　白玉四喜炉

设计：刘纪松　制作：沈建平　宋鸣放

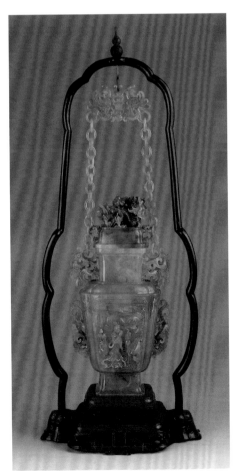

图 4-7-16　翡翠链条瓶

设计：朱其发　制作：傅自生

图 4-7-17　翡翠亭子炉

设计制作：周寿海

第八节
玉山子 天工自然

玉山子是玉雕中"依势造型"的典型样式，它依照玉料的形体，巧作诗情画意的山水玉器。因此"相玉"已不仅仅是"应物象形"，而是要深刻领悟玉意，在形、色之间去感悟自然；在"相玉"之中去寻觅山川、流水的踪迹；琢磨出天地之间的生命律动。通过与玉的对话、交流和感悟，能和玉石产生共鸣，砣轮渐渐琢磨出山子玉器的自然美意。

一、玉山子的造型特点

1. 自然之美

玉山子的雕琢，追求的是天然去雕饰的理想境界。在中国艺术史上有两种对美的认知，即"错采镂金"之美和"芙蓉出水"之美。前者为雕饰之美，后者为自然之美。而治玉艺术正是使这两种美感自然融合，完美统一，达到"绚烂之极归于平淡"的境界。而山子玉器的雕琢正是琢玉者根据玉料的自然形态赋以幽山流水之想象，使自然之境融于玉料特质之中，将雕琢美和自然美得到高度、完美的统一。

完整的玉山子原石经历了亿万年大自然的历练，蕴含着特有的自然美，而每一块玉料又有不同的形态、皮质、色泽等。琢玉者琢磨不仅要有高超的技巧，更要有不凡的智慧，深刻领悟玉质和技巧的内在联系，巧妙运用，融会贯通。在雕琢中去寻求一种和玉的温润性情、形态色泽相吻合的形式语言，在造型上无论变形或抽象、奇异或俊俏、精细或光素，都要应顺玉的本质特性，造型、图形和工艺要服从于玉料的本质特征，具有匠心的治玉就像治理土地一样，要因势利导，使人工的雕琢提升到自然的"天工"，达到雕饰美和自然美的统一。

2. 雕琢之美

玉山子的雕琢美包括两个方面：造型美和技巧美。

其一，造型美由外形和纹饰组成，图饰大部分来自我们民族特有的吉祥意蕴和审美情趣。为了使玉器传递美好的信息，治玉运用了最简练、优雅、生动的线形，去表现玉器优美的形态和完美的纹饰，无论是形态之线还是纹饰之线的表达全在自然中流出，这是雕琢的自然，刻意的自然，经营中的自然。（图4-8-1）

其二，技巧美即娴熟的运砣之美。錾砣出坯，刀刀有形；压砣磨形，力到工就；扎砣勾形，砣工有神；丰富、精妙的琢玉语言藏于山水意境之中，使玉山子的形式美和意蕴美得到充分展现。

3. 创意之美

玉山子顾名思义是以山水为主的题材，因此，在观察玉料的同时，它的色泽、裂痕、形状都成为启示、诱发、勾画山水的基本语言，也许是远山、也许是幽谷，似乎是红叶秋山、似乎又是晚霞牧归。这时双眼似乎能够透过玉石，寻找组合山水的元素，同时脑海也呈现出一幅幅不同的画意，以最佳的视角、最佳的意境赋予玉料之中。

在典型的玉山子中往往借自然的玉料造型化作成山岳的造型，再雕饰于流水、亭宇、花木、鸟兽、人物等，最终将大小之美、远近之景、动静之韵、诗情画意都融入方寸之间，借自然之物抒发心情，把"玉意"转化成立体的画意，凝固的诗情，使赏者见之心灵波动，玩之可思可感，思之回味无穷。（图4-8-2）

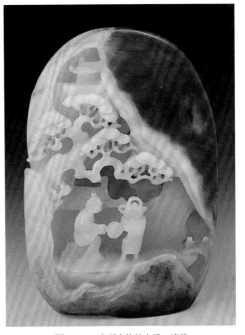

图 4-8-1　白玉人物纹山子　清代

图 4-8-2　秋山旅行山子　清乾隆

二、玉山子的工艺技法

在玉山子的雕琢中为了适形赋意，在以圆雕为主的基础上，融合浮雕、透雕、线刻、薄意等雕琢手法，充分表现出不同的雕刻技法。

圆雕：玉山子本身就是一个具有三维空间的立体圆雕，可以从多个方向去观赏它的造型美感，随着视点的移动，山子的形体展现出不同的画面。然而，总有一个面是最佳观赏角度，即正面，其采用圆雕为主，空间感更好。

浮雕：浮雕在一般的雕刻中观赏面只有正面，而山子玉雕中它的观赏面不仅仅有主要的一面，有时是随着视点的移动而使浮雕产生转折、起伏，又引向背面，如行云、流水、树木依山体而作，观赏极富意味。

透雕：透雕在玉山子的雕琢中不仅使形象清晰，具有玲珑剔透的效果，同时，显示出琢玉者高超的琢玉技巧。

线刻：在玉山子的雕刻中，线刻的运用也是极为重要的，线刻根据不同形象的要求，合适施刀，如人物的发髻、胡须，服装的纹饰，以及鸟类的毛羽，花草的叶茎，山势的纹脉，流水的波纹等。同样是线刻，线形却是千变万化，因此运砣线迹讲究速度快慢、长短粗细、刚健柔美，或细细密布，或洋洋洒洒，各显韵味，给山子玉器起着提神和点缀作用。

图 4-8-3　三顾茅庐山子玉　清乾隆

山子玉器中的各种雕法不能截然区分，有时圆雕中有浮雕的形式，浮雕中也有近似圆雕的表现。山子玉器琢磨往往把圆雕、浮雕、透雕、线刻、薄意融合在一起，成为独特的工艺形式（图 4-8-3 ～ 4-8-5）。

图 4-8-4　密玉雕　攀登珠穆朗玛峰

上海玉石雕刻厂　20 世纪 70 年代

图 4-8-5　叶尔羌玉"会昌九老图"山　清乾隆

三、玉山子设计与制作实例

例一 秋山漫步

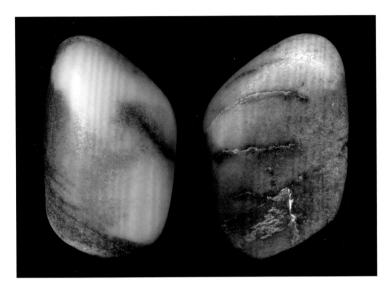

图 4-8-6 和田籽玉（正反面）

· 这枚正反两面的和田籽玉，高 10 厘米、宽 6 厘米、厚 4 厘米，经过亿万年大自然的洗礼，玉质细润，皮色丰富。慢慢看，细细品，思绪神游于玉山子之中，玉料皮色由焦墨的深沉，淡墨的云烟，混合于朱砂、焦黄；随着视点的移动，转化为藤黄、朱砂、殷红等色，在玉的皮色中呈现出多变的色彩，有着朦胧的秋意之感。天工雕饰，自然妙造，秋山的构思油然而生。

图 4-8-7 画稿

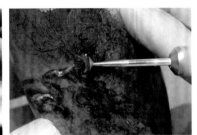
图 4-8-8 开始雕琢

图 4-8-9 老树根部分

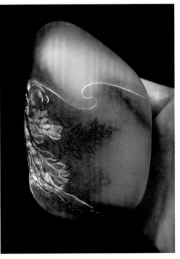
图 4-8-10 树叶（边雕边画）

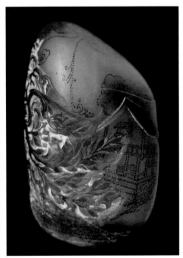
图 4-8-11 房屋勾画

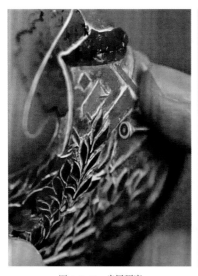

图 4-8-12　房屋琢磨

图 4-8-13　精雕细琢

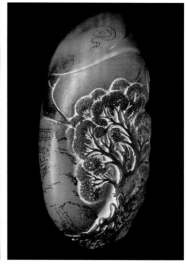

图 4-8-14　树的雕琢

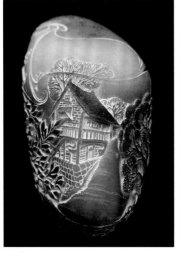

图 4-8-15　转体雕琢

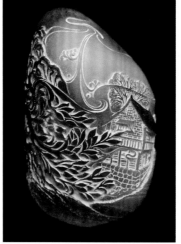

图 4-8-16　正面雕琢完工

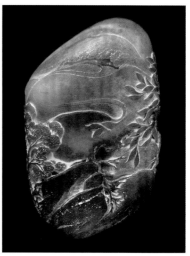

图 4-8-17　背面雕琢完工

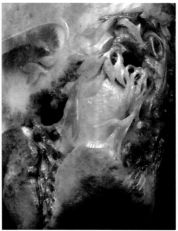

图 4-8-18　打磨抛光（局部）

· 高山流水，虚谷空灵，人倾心于自然，寄情于山水之间。作者以砣代笔，娴熟地运用了散点透视和焦点透视的手法，勾画了秋山景色，达到了整体画面的完整性与形象特写的可看性，既有中国画的笔意特点，又有玉雕的砣工韵味。作品中虽然没有人物的刻画，实际上是作者在方寸的玉山中慢慢地看看、走走、想想来完成"秋山漫步"的雕琢。

图 4-8-19　秋山漫步

　　作品"秋山漫步"整体雕琢采用了传统山子玉的造型方法，保留籽玉原形，依势造型，在圆润的立体转换中，秋色随之而变，前景是一棵参天的老榕树，主干色深，造型遒劲有力，根须深扎于大地，枝叶穿入云天，雕琢采用镂雕工艺，使主体大树具有进深感，树枝纵横交叉，叶片层次丰富，随风而动，达到空灵、飘动之感；中景沿小路而上，依山旁、树丛中黑瓦白墙老房一间，流云飘然而过；远景山峦流云之间泉水直流而下，溅起水花；视点右转，一棵小树随山势而立，枝叶分组采用绘画的语言"点琢"的琢磨手法，使枝叶产生繁茂的效果；转至反面，山势层层叠叠，红叶飘飘洒洒，秋意深深；榕树的老根、蔓藤在山腰处形成溶洞，呈现出一幅山野秋趣画卷。

例二 秋霞垂钓

· 这是一枚小籽料，暖色系，色泽浓郁，上方石性纹理，中间有少许僵白和横条石纹，此玉可作小山子。整个籽料在特殊的玉性中自然的分割成上中下三个部分，上方用一条云带衬托起远山；下边石纹延续成河岸，一位老者身着蓑衣斗笠盘坐垂钓；中景，一房屋一柳树依山傍水，雕琢后在颜色的变化中呈现出一副"秋霞垂钓"图。此玉山子，即可放置于案几之上，又可把玩于掌中，细细品味。

图 4-8-20　秋霞垂钓　和田籽玉

例三 寒江独钓

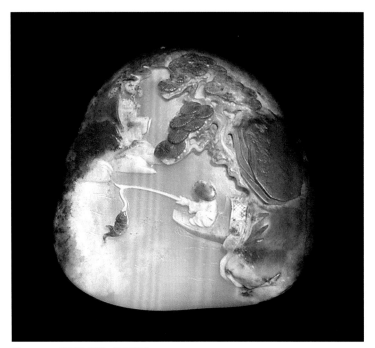

图 4-8-21　寒江独钓图　和田籽玉
　　　　　　宝玉丰藏

· 这枚垂钓题材玉山子，通过不同的表现手法把立体的画意转化为诗情，经过细心琢磨，层层刻画，再现了柳宗元《江雪》的意境。利用籽料的僵白雕琢江边的白雪，寥寥数刀便显出山岩的冷峻，一山、一松、一船、一人，表现了"千山鸟飞绝，万径人踪灭"的凄凉之境，而一条鱼的出现，打破了寂静，似给冰冷的世界带来一丝暖意和愉悦。

第五章
匠心玉意·海派逸风

海派玉雕百年多来得到了海派文化的滋养，

琢玉有海韵亦有逸风：

从自然升华至形式唯美；

从元素多元至精妙设计；

海派玉韵在工艺思考中化腐朽为神奇，

在玉风流变中把握时代气息和形式美感，

琢玉当随时代。

一、自然的升华

玉器琢磨是一种手艺，也是一种文化，琢玉者以灵巧的双手和独特的构思将"天意"和"人意"巧妙地融会在一起，通过精心的雕琢，赋予了玉以温润之美、造型之美和设计之美。

 敦煌逸影，脱石而出

· 该作品被入选《中国当代玉雕艺术精品集》，作品匠心蕴涵于三大部分之中：第一部分是巧用下部石料，创作出苍凉的塞外风情和灿烂的敦煌石窟；第二部分是利用中部的边皮，刻画了象征吉祥美好的飘渺祥云；第三部分则是将最上部的精华和田白玉，雕琢出彩莲飘带与云中飞天的动人情景。作品体量虽小，然巧夺天工，于方寸之间化腐朽为神奇，表现了丰富的文化内涵，彰显了蓬勃向上的时代精神。

图 5-1　敦煌逸影（正面）

图 5-2　敦煌逸影（反面）
作者：赵丕成

相玉读玉敬畏自然：

这块和田籽玉虽然体积不大，但可见苍茫大地、天际横流，在斑驳机理的皮质中蕴含着岁月的沧桑。玉料透出天地之灵气，自然之大美，一种敬畏自然的心境油然而生。"相玉"是认识玉、读懂玉、感悟玉的过程，是一次人与玉的交流、是一次由表及里的审美、是一次感悟自然与艺术情景的对照与磨合，相玉启示着创意灵感。作者在原始玉料中可感悟到自然天地的神奇美妙，似乎有飘绕的流云、金色的沙漠、古拙的石窟，似见敦煌圣境。

精心治玉，自然天成：

琢玉古语说"治玉"，就是要因势利导，天工妙造，就像"土地不能荒芜，也不能过分的进行耕耘"的道理一样，既要考虑玉料的本质美感和整体气韵，又要显现创作立意，必须尊重天意，顺势而为：

砣工顺裂而下——飞天横空出世，构成了整个画面的动感和气势；

雕琢层层剥离——天地美妙纷呈，似山峦起伏、沙丘迂回、香火萦绕；

石作点睛之笔——雕琢石窟山体，为作品的点题起到了关键的妙用；

去绺藏裂之技——化腐朽为神奇，最大程度呈现玉质之美；

玉意立意之和——使玉质之美和立意之美达到高度统一，巧夺天工，自然妙造。

通过以上治玉方法，"敦煌逸影"脱石而出，整个画面一气呵成，作品大气而精美，凝重而灵动，创意独特，造型优美，工艺精湛，在传统的雕琢技艺中透出时代的气息，在流线的砣痕下，处处彰显出玉质的温润美感、器形的造型美感和构思的创意美感。

　田园蝶影，绵绵瓜瓞

图 5-3　和田籽玉　田园蝶影
作者：赵丕成

· 这款田园蝶影是一件传统题材的玉雕手把件，整体由瓜、豆、叶、蔓藤组成，特别显眼的是利用籽玉红皮雕琢了飞舞在瓜园中的彩蝶。把玩中一方面解读玉意"绵绵瓜瓞"（诗经《大雅·绵》中语，瓞与蝶是谐音)，喻义连绵不断，引用为子孙昌盛；另一方面通过玉质与美意去感受清新、惬意的田园风光。

二、诗意的凝固

诗，凝练而优美，意境深远，回味无穷。中国造型艺术也用诗的语言，追求"画中有诗，诗中有画"的意境。治玉同样如此，每一件玉品，都是作者专注地感受自然，领悟玉意，诗化玉的意境。而有的玉雕作品往往又用诗句来点化玉意，用诗意来勾画玉的图纹，一枚玉就是一首凝固的小诗。

例三 春色满园与琵琶倩影

图5-4　满园春色　和田籽玉
作者：赵丕成

· 玉牌"春色满园"利用籽玉天然的皮色，以夸张、想象的手法勾画出小院砖墙上盛开的嫣红牡丹，而勾画中学习"竹刻"的文气与诗意，雕琢中借鉴"竹刻留青"的雕法，在明确花形的前提下以素描的方法琢磨出花的明暗关系，使皮色薄意雕更具有层次感与立体感，在构图上使盛开的花朵布满整个画面，这样，充分利用了自然皮质，使玉牌以一墙、一花的简练手法，呈现出"春色满园关不住"的意境，诗化玉意，赞美春色。

· "琵琶倩影"玉牌，还是运用籽玉的皮色进行构思，运用线面结合的方式作画面的安排，具体刻画了白居易笔下《琵琶行》中的琵琶女。画面以剪影的方式勾画，流畅的线条贯通整个画面。一幕垂帘、一款老窗、一轮明月，作意境的渲染，飘逸下沉的线感，上轻下重的色感，表现"琵琶倩影"之下"未成曲调先有情"。

图5-5　琵琶倩影　和田籽玉
作者：赵丕成

以上同样是白玉红皮的两款玉牌，以不同的题材与形式，表现出两种不同的诗意。玉器的诗意不仅仅是靠诗句来实现的，诗、画、玉，虽然有着一定的联系，但是，诗还是诗，画还是画，玉还是玉，它们都有自己独立的形式和特殊的表现语言。因而，治玉者在设计、立意中要充分利用玉的润质美、形式美、技巧美，以精炼而优美的语言，使玉器作品赏者见之愉悦，观之可感，思之回味无穷。

例 四　惊蛰蛙醒

· 作品原料是一块干青翡翠，带着焦黄石皮，雕琢中磨去石皮，玉料渐渐泛绿，有"枯橘丛边绿转浓"之意，由此，将荷叶的筋脉保留石皮的焦黄色，有枯草转绿，春回大地之意。在雕琢的手法上，青蛙还是采用传统的光面起亮的雕法，荷叶雕琢出秋冬荷叶皱褶的肌理效果，以想象的手法表现出秋荷的风骨，同时通过背面的镂空雕将荷叶掏薄，在透度上与青蛙有所区别，同时使荷叶有"水"的感觉。

图 5-6　惊蛰蛙醒　翡翠
作者：赵丕成

"惊蛰催春绿，蛙醒探天趣"。春雷一声响，惊动了冬眠的草虫，玉雕中惊醒的青蛙从荷叶下跃起，探头瞭望茫茫的天际，预示着春天的到来，大地苏醒，生机盎然。

三、线韵砣工

线是玉雕的灵魂，玉雕中的线性不仅传递着形象的生命律动与内在神韵，同时表现出作者独特的琢玉风格与时代气息。线首先是对玉器外轮廓线性的体现，器型的稳健、优雅的动势，肯定、连续、优美的线形等；线也是形象的塑造，劲健或柔和、粗短或修长、生动或多变的线迹，使形象更为生动、清晰并富有装饰性。

玉器的线条处理非常讲究，不仅每一根线条的来龙去脉要交代清楚，并且应在有限的空间中让线条中透露出形象的韵味，使复杂的线条简单化，纷乱的线条有序化，形象的线条装饰化，通过线条自然舒适地延伸、迂回、转折，在美的形式中展现直线的挺拔、曲线的灵动、流线的优雅、弧线的张力，使简练优美的线条透露出外延与内在的韵律和姿态。

例 五　聊斋幽梦

图 5-7　聊斋幽梦　和田籽玉

作者：赵丕成

图 5-8　人物特写　　　　　　　　　　图 5-9　玉狐特写

·这块和田青玉籽料，皮色黝黑，如同墨色一般，在玉形与石性之间呈现出寂静的山野暮色，玉意朦胧。思绪在玉料之间游走，在幽幽的青色中，月影山石，云气飘渺。聊斋意境油然而生：睡意的玉狐化作了碧色的妩媚仙子，飘然而出，翩翩起舞，在行云流水、绵延不断的线韵下，刻画出一幕"聊斋幽梦"。

在狐仙的塑造上根据人物的特点，强调动感，尤其在转折手臂的刻画上虽然有些不符合人体的结构，而是用虚化、流畅、极致的线形，去表现手臂的舞动，来增强人物姿态的生动性，并赋予了人物的个性色彩，以及造型的艺术趣味。在整个作品的造型处理上，无论在砣工上还是在具体形象的塑造中，不必面面俱到，应是虚实结合，而虚体的表现极为重要，有了虚体的安排，才有实体的丰满、张力与神韵。"聊斋幽梦"的纹饰渗透了线描的手法和审美趣味。砣痕之线以极丰富的多变语言表达着不同的形象。这些精炼与丰富的玉言表达，全依赖于手中运行的砣轮所展现的琢玉功夫。

慢工细活，运砣悠悠，琢玉不紧不慢，心气平和地驾驭着砣轮时快时慢，砣轮由浅至深地走动，所到之处，留下了清晰波动的砣痕，时而沉着稳健、时而流畅飞舞、时而如涓涓细流。从有意识的技巧琢磨到无意识的技巧流露，技艺便进入到一个高的境界，娴熟的运砣技巧与线韵，赋予了"聊斋"新的艺术生命。

例六　丹凤朝阳

· 作品采用立体圆雕、透雕、镂雕等手法琢磨而成，虚空间产生了云的漂流，风的速度，玲珑剔透的凤羽有了飘逸的空间，作品中虽然没有出现太阳的造型，而是主要描写含苞欲放的牡丹和神采飞扬的凤鸟，使读者有着更大的想象空间，充分感受到风和日丽、阳光明媚的虚妙乾坤。作品匠心独用，造型新颖别致。

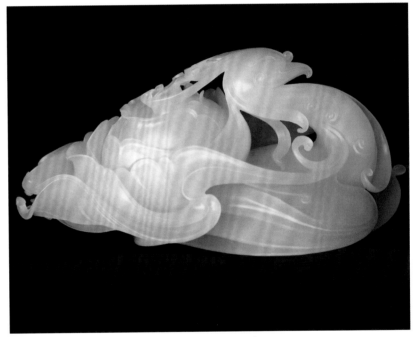

图 5-10　丹凤朝阳　和田籽玉
作者：赵丕成

"丹凤朝阳"由和田籽玉雕琢而成，其中有较多的裂痕，通过去裂、藏裂、借裂雕琢了一款传统题材作品，主体由牡丹和玉凤组成，两者构成方式新奇美妙，一条主线由凤冠下沿至颈部，再转出形成带状，似羽毛，如流云，随风飘逸而展开成牡丹之花瓣，洋洋洒洒，二者分合得体，气韵贯通，作品通体线条如行云流水，立体多变的线韵展现出牡丹的绽放，流转的线体增强了丹凤飞舞的动感。

四、海派逸风

海派玉雕以广阔的视野，融汇多元的艺术养分，自由畅想，经过精妙的设计，形成浑然庄重、格调高雅、清新逸趣的玉雕作品。海派玉雕，流中有变，标新立异，在设计上承古启新，适应商海，设计时尚。

例七 一点红成就国色天香

图 5-11 国色天香 新疆彩玉
作者：赵丕成

图 5-12 人物面相特写

· 这是一枚天山脚下的彩玉，色彩明丽，质地温润，惹人喜爱。玉料有三种颜色，分别为白、红、黄，经过初步雕琢，赋予了白玉的温润、朱红的娇艳、黄玉的瑰丽，三种颜色在一块玉料中是非常难得的，然而在三色中是否有更为神奇的亮点？作者为之在大面积的朱红色调寻找那一点红，红点在形象的表面是比较容易实现的，然而要在鼻梁之下出现樱桃小嘴一点红，这要靠作者的经验、胆识与运气，在砣轮慢慢地探索下，功夫不负有心人，也许更是大自然的眷顾，终于在白色的阶梯形下藏有一点红色，特别鲜亮的口红，是整个作品的提神之笔，有画龙点睛之妙。

一块美玉，经作者用心领悟，艺术经营，在俏色的运用上可谓是匠心独用，俏色经营有分有合，人物、花朵、凤鸟连成一体，人物的下半部分是红色牡丹含苞欲放，似玉女盘腿而坐，凤鸟凤冠向上延伸，形成飘逸的花瓣，造型在似与不似之间，形神兼备。巧妙的分色、理色、探色，使色彩分明，对比强烈，分别勾画出白玉美人的醉意；朱红牡丹的绽放；金凤灵动的舞姿，使三者构成美不胜收和谐整体，尤其在红色部分的构想上，使大面积红色牡丹映衬着零星朱红的点缀，显得尤为靓丽，点化了玉的灵性，更显玉女灵气和娇美，增添了作品的神采。"国色天香"玉雕富有创意，技艺精湛，造型唯美，不仅将自然彩玉升华为国色天香，同时体现出时尚、简约、精致的海派玉雕风格。

例八　剪玉影，凤凰于飞

·"凤凰于飞"出自诗经中的词语，原意为凤与凰在空中相偕而飞，一般用来祝福婚姻新人的生活幸福美满。是一款造型别致，砣工精美，富有创意的玉雕款式。作品原籽玉皮深褐色，包裹于白玉表面，背面雕琢凤鸟从云中升腾而起，展翅欲飞，转至正面以抽象的形式飘起一片灵动的凤羽，似舞动的双腿又演化成S造型的凤女形象，整体画面采用剪纸的造型语言（造型元素来源于第四章人物"丝路花雨"），呈现出黑白分明剪影效果，又有层次感，人物变形富有神韵，姿态优雅，线面流畅精美，富有视觉美感。

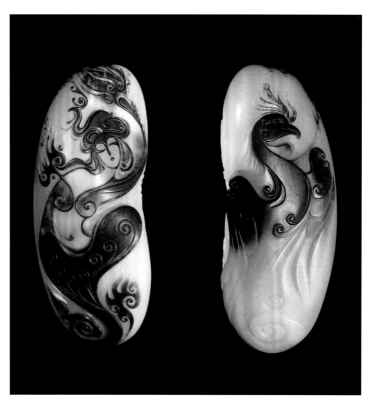

图 5-13　凤凰于飞　正反两面

作者：赵丕成

在玉器琢磨中注重神似，变化自然形象是必然的，因为玉器琢磨受到料形的约束，脱离自然原形、改变原形是玉器设计的常用手法，在变形中求神似、在夸张中显意趣。变形夸张的形象虽然打破常规，但却在装饰效果上更能体现艺术的感染力。

例九　古纹新意

"卷子头"是玉雕中的精妙纹饰，这一纹饰源于古老玉器上的"谷纹"，形似谷物发芽。"卷子头"不论是古代还是现代在各玉器中都有精到的表现，这一富有生命起源的符号，它藏、露于精美的纹饰之中，形式各种各样，有的是线纹，有的凸起，有的凹陷，大小不一，极富变化。"卷子头"在纹饰的运用中如同书法中的藏锋之笔，力藏于内。如玉凤翅膀的起势，用厚实的卷子头表示结构与骨点，当羽毛线纹飘出结尾时有的用小的卷子头作为收势。"卷子头"在凤鸟中起着线韵的收放之势、灵动之韵，又起着点缀与装饰作用，给凤鸟增添神采与灵气。

图 5-14　卷子头系列　凤鸟的灵气与神采

例 十　简约柔光

　　当代玉雕在琢玉风格上丰富多彩，而简约之风，同样受到人们的追捧，因为简练、少雕或不雕，更讲究简约形体的美感，返璞归真，在大美不言中尽显玉的温润柔光，运用最少的设计语言，设计出朴实而又精美，简约而又有内涵的玉雕佳作。

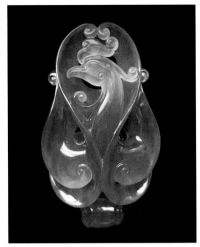

图 5-15　翡翠　蓝凤鸟

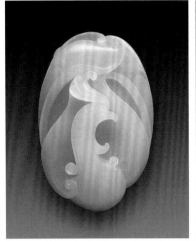

图 5-16　和田籽玉　白玉凤

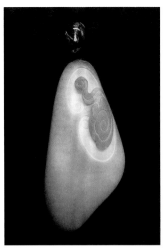

图 5-17　和田籽玉　如意云

图 5-18　一叶知秋　金丝玉

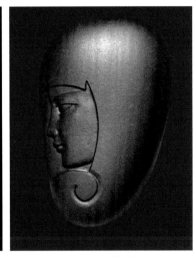

图 5-19　黑之俏　黑玉

玉是美好的象征。当代玉雕的不断被赋予了新的样式：有精美古风，砣工味道；有绘画赋意，雕塑形式；有抽象表现，构成形态；还有大美无言，清新自然。玉在不同款式中赋予一丝情缘、一个企盼、一种祝福，养眼又养心。今天，玉在"海"风中显得尤为别致、温润、美妙，点缀着我们的时尚生活。

图 5-20　黑池　黑玉

参考 · 文献

［1］张文广. 玉器史话. 北京：紫禁城出版社，1991.

［2］王振. 中国现代美术全集：玉雕. 北京：北京工艺美术出版社，1997.

［3］杨伯达. 中国玉器全集. 石家庄：河北美术出版社，2005.

［4］古方. 中国出土玉器全集. 北京：科学出版社，2005.

［5］张蔚. 古玉简要. 杭州：浙江摄影出版社，2007.

［6］赵丕成. 切磋琢磨：玉器. 上海：上海科技教育出版社，2007.

［7］李飞. 中国古代玉器纹饰图典. 杭州：浙江古籍出版社，2008.

［8］赵丕成. 玉器工艺. 北京：中国轻工业出版社，2011.

［9］理由. 玉美学. 北京：清华大学出版社，2014.

［10］杜晓辉. 珠宝鉴赏. 云南：国际文化出版公司，1990.

［11］白峰. 中国玉器概论. 北京：化学工业出版社，2017.

［12］王希伟，李继东. 玉雕技艺. 北京：中国劳动社会保障出版社，2018.

［13］陈咸益. 玉雕技法. 南京：江苏凤凰美术出版社，1999.

［14］赵永魁，张加勉. 中国玉石雕刻工艺技术. 北京：北京工艺美术出版社，2002.

［15］欣弘. 中国历代玉雕. 长沙：湖南美术出版社，2006.

后记

玉雕不仅是一门手艺，一种商品，也是一种文化，更是一种境界。当前，玉雕市场红火，行业竞争激烈，当代玉雕仍需要有较高的艺术水准和精湛的手艺，为一件件小小的玉器去努力达到"绚烂之极，归于平淡"的境界。

天工：一件好的玉器我们会用"天工妙造"来形容，这里的"天工"不仅是指精妙的雕琢技巧，而是指依照、顺从玉的自然规律进行雕琢，在造型中充分表现出玉质的自然属性和本质美感。

砣工：每一种艺术形式都有它特殊的语言和特有的表现方法。玉器琢磨中砣轮所留下的工艺痕迹称为"砣工"，或称为砣痕及刀法，其工艺是根据玉质的自然属性而展开的特殊造物活动，是依据"天工"研磨玉器，是琢玉的特质表现语言，是琢玉艺人借助于材料和工具抒发情感，展示美玉的途径，早在红山文化玉器中就可以看到"砣工"的踪迹。

精工：指的是工艺的精湛、娴熟，高超的琢玉技巧。千百年来，玉工总结了一系列的琢玉技法，展现出驾驭玉材和工具的能力。运砣沉着稳健，力到工就；勾线犹如神助，高古游丝；刀法多变，有鬼斧神工之力。丰富、精妙的砣工语言是要靠作者多年的历练才能掌握。

显工：把精彩的琢玉技巧在作品中充分的展现，技巧之美是工艺美术审美的重要方面，同时也是玉器鉴赏的主要看点，以显示出创作者的琢玉功力和所倾注的精力。

藏工：是要走出"匠气"，而提升至"匠心"。娴熟精湛的技巧深藏于作品的玉意与气韵之间，技巧在无意中、形体间、纹饰里得到自然的流露，绝无矫揉造作之态，一切多要自然的体现，使我们的视感和触感，有着一种流畅、舒适、贴切的感觉，达到"无技之技"的境界。

神工：此时的砣工已不是纯粹的手艺，而是倾注着琢玉者的情感，洋溢玉的温润与美意，艺术与文采，传递出特有的东方神韵。

琢玉的工艺境界在漫长的切、磋、琢、磨时间里，得到民族文化的滋养，融合多元文化的造型观念，得以提升。琢玉者工匠精神，以平淡心境和艺术情感，使玉雕展现出特有的个性风采，优雅的艺术气质以及引人入深的玉韵美意。

本书对历代玉器的认识、对玉质温润之美的理解、对玉器的设计和琢磨等几个方面谈了我的体会，皆属一管之见，但愿不至于贻笑大方，书中不足之处望专家、前辈和广大读者指正。

最后致敬：琢磨中的——慢工，
　　　　　玉海中的——独行，
　　　　　都市中的——匠心。

2021 年 12 月

附
录

1. 荷塘田园

人们喜闻乐见的动植物，如莲花、菱藕、莲子、鲤鱼、河蟹、河蚌、青蛙、鸳鸯、灵龟、瓜豆、素果、五谷、九穗、蝶、螺、蝉、螳螂、鹌鹑等，是最适合为玉佩饰取材的。琢玉者再把这些事物加以理想化，并赋予其作品无限美好的想象。

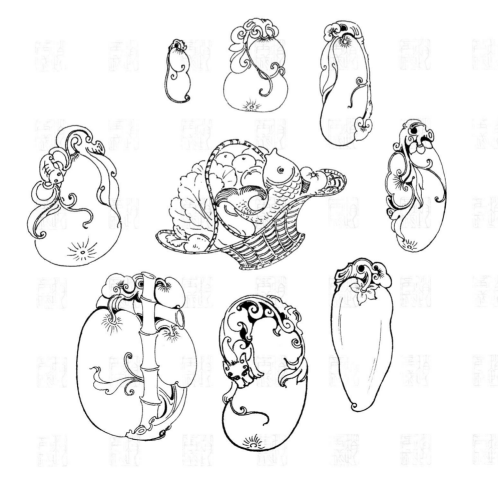

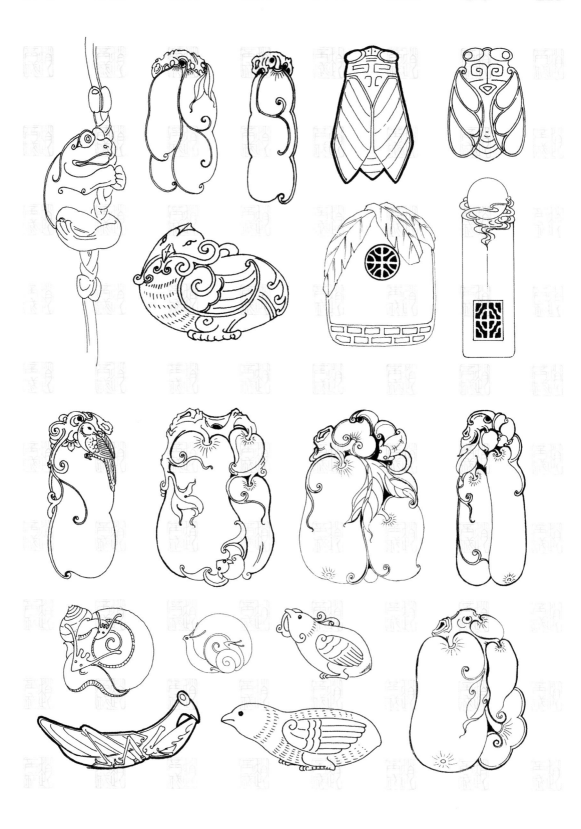

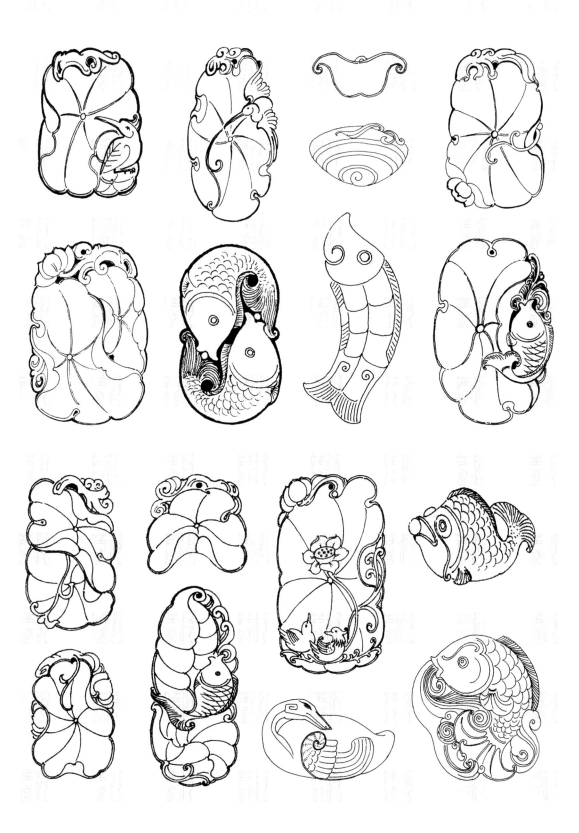

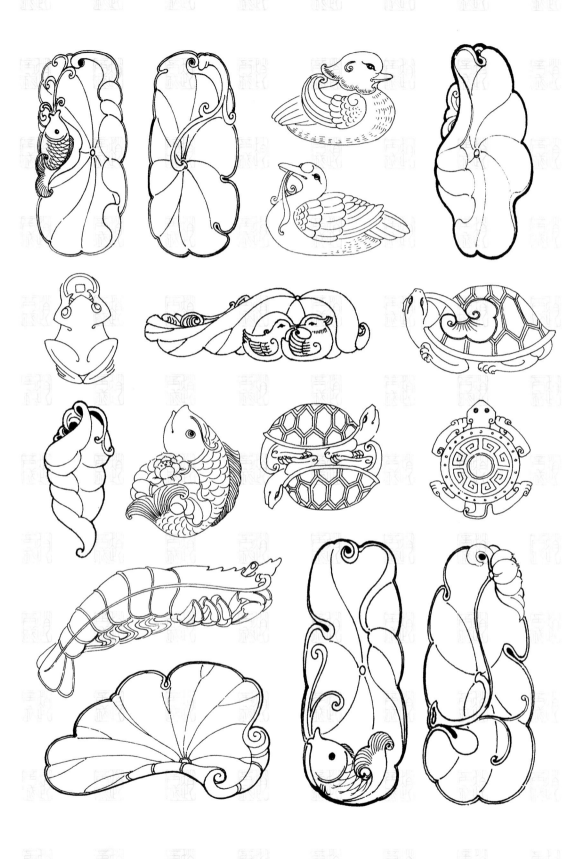

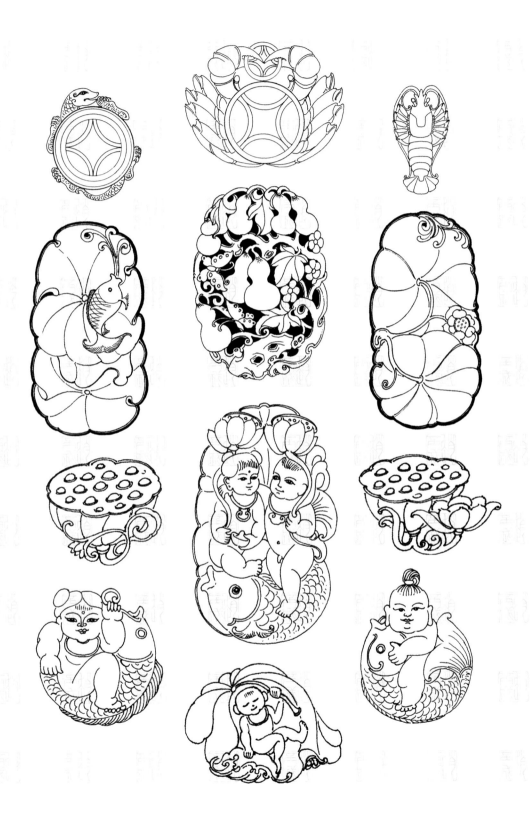

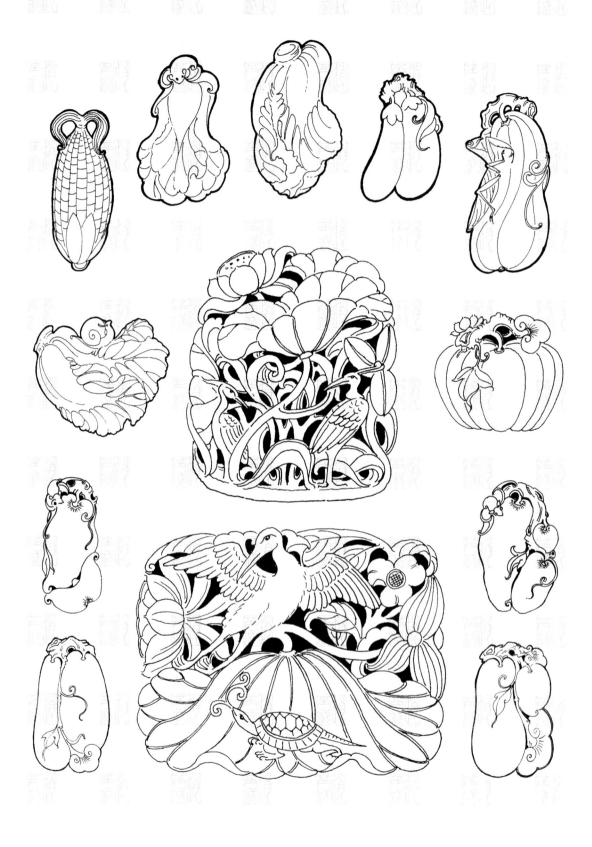

2. 山野珍禽

高山流水、鸟语花香，人倾心于自然，寄情于山野花鸟之间，这是我们民族艺术审美观的一贯诉求，积淀着朴素的天人合一思想。玉是山川之精髓，再用来雕琢山野珍禽，称得上是回归于自然。此类题材有高山流水、鹤立松柏、梅兰竹菊、灵芝佛手等，还有白头、画眉、雄鹰、松鼠、山鹿等。

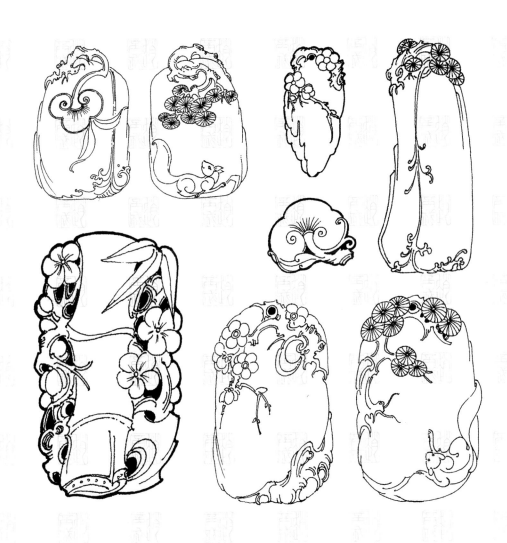

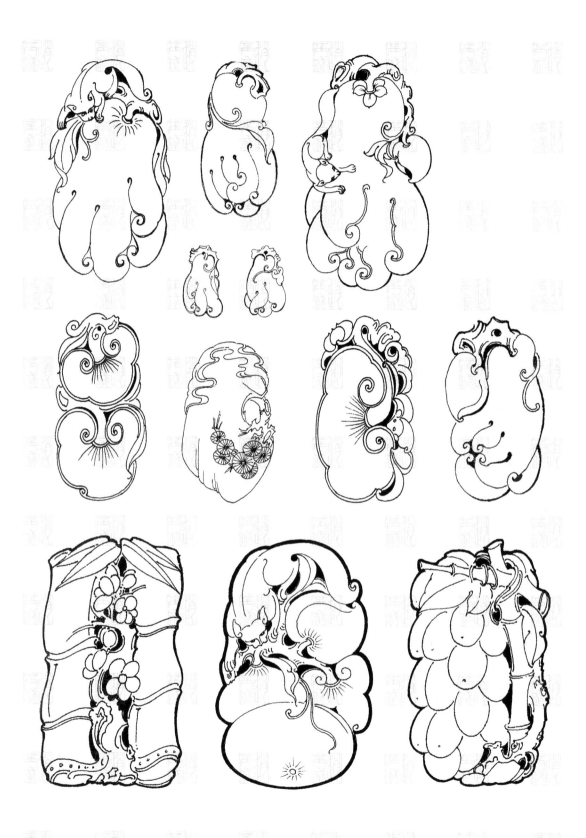

中国玉器设计与工艺图解·跟着海派玉雕大师学技艺

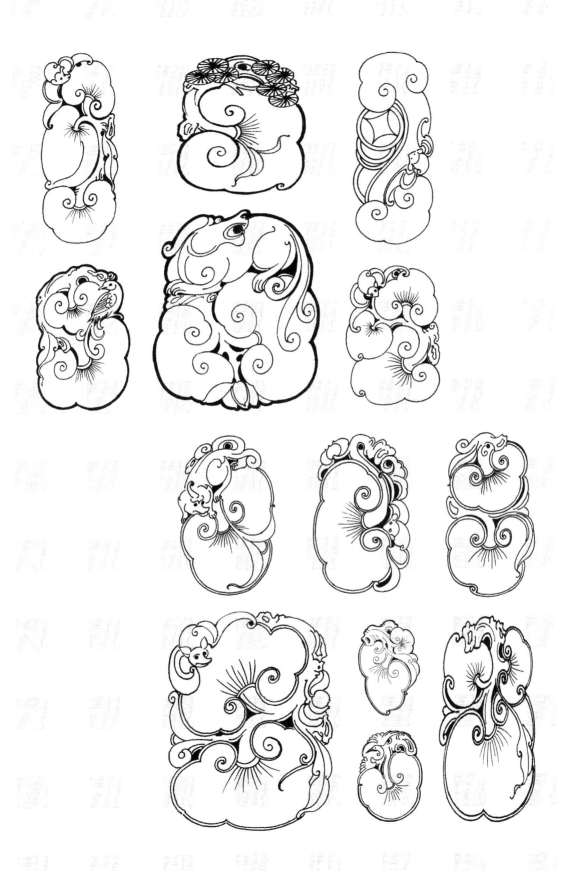

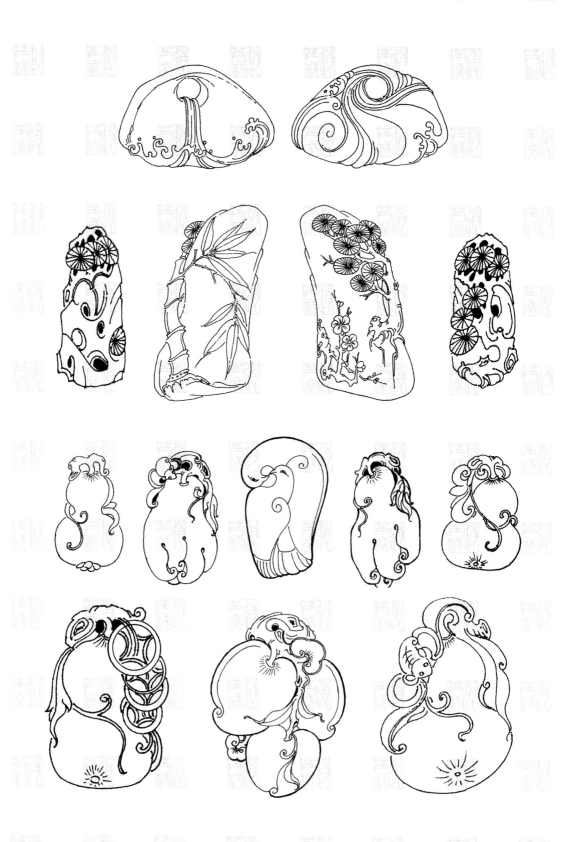

3. 生肖瑞兽

玉雕中动物形象可分为两大类，一类为生肖，另一类为瑞兽。其中瑞兽，如龙、麒麟、天禄、避邪等，自古被赋予纳福、镇邪、消灾的美好想象，通常会用变形、夸张、拟人等手法塑造形象。

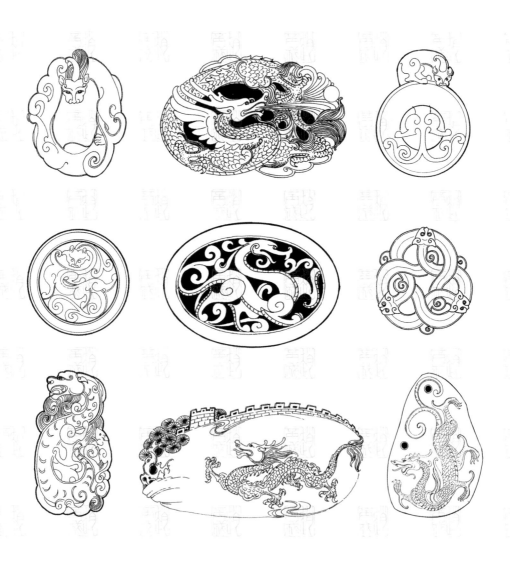

4. 人物佛仙

　　玉器人物题材主要有两大类：其一，历史传说人物，有英雄武将与典故仕女等；其二，佛仙题材主要有释迦佛、弥勒佛、观音菩萨、罗汉、飞天，还有八仙、寿星、财神、钟馗等。在人物玉佩、手把件与摆件的造型上有较大的区别，风格上亦有不同的特点，写实、写意以至抽象表现各有风采。

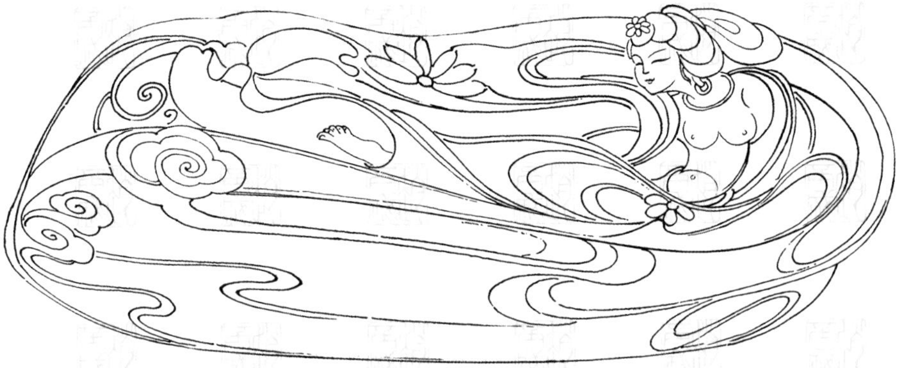

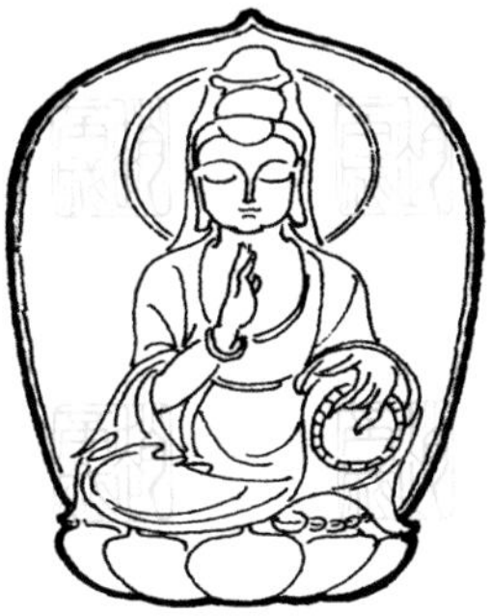

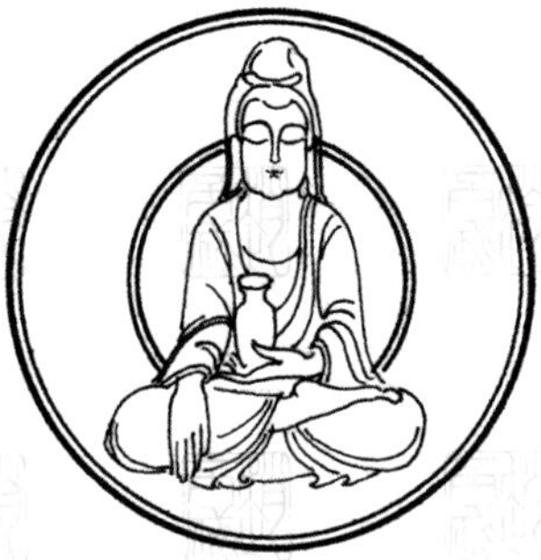

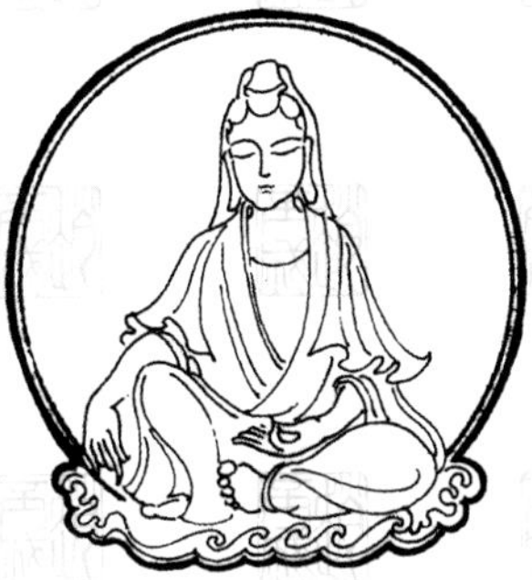

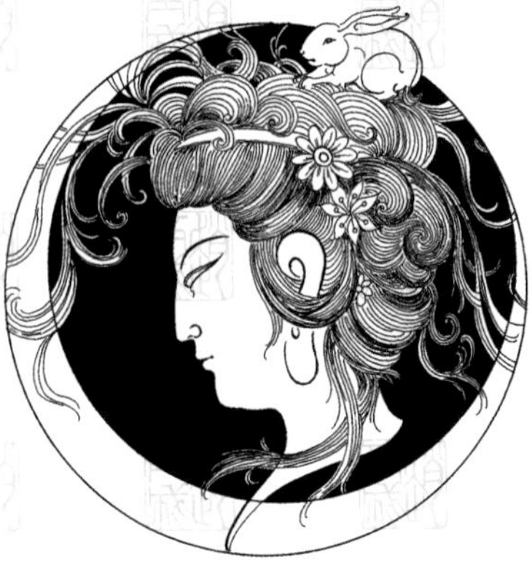

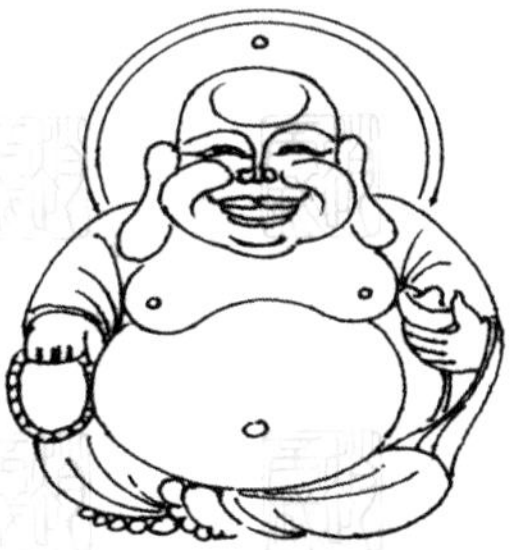

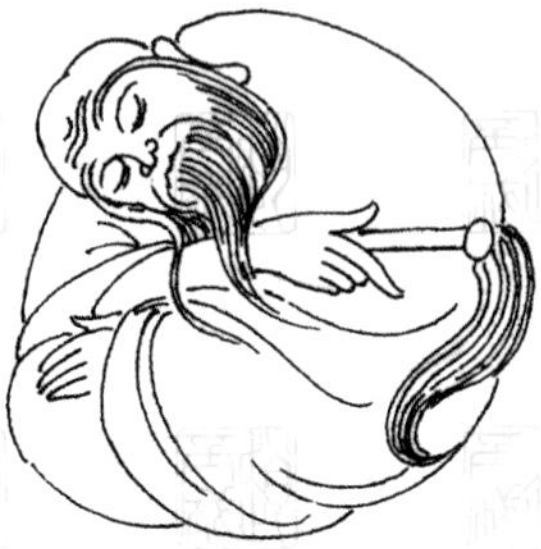

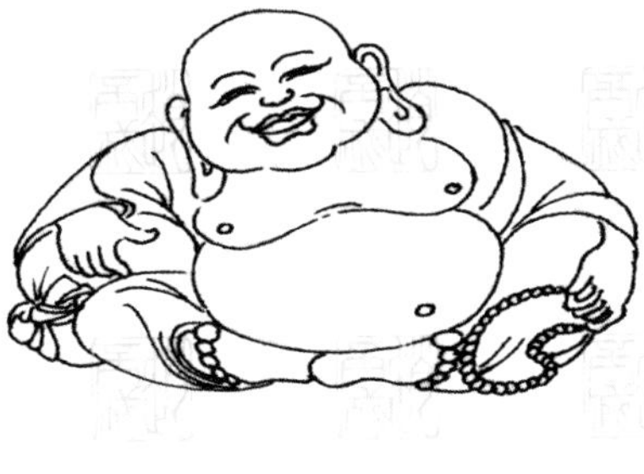

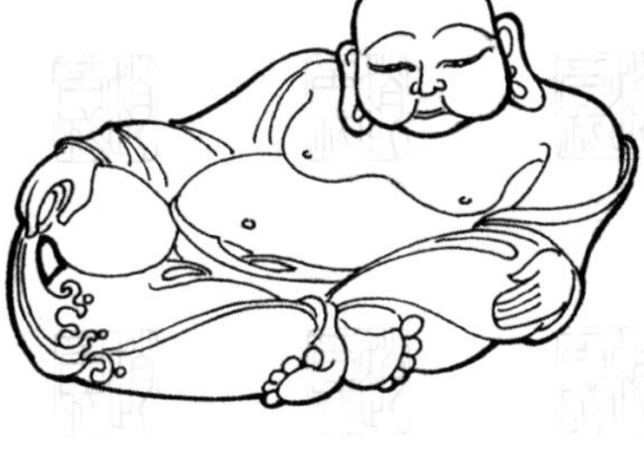

5. 立式套牌

闭月

羞花

沉鱼

落雁

中国玉器设计与工艺图解·跟着海派玉雕大师学技艺

单刀赴会　　　　　　　　　　　　　　　　钟馗纳福

霸王别姬